Helmut Günther
EAGLE-GUIDE
Raum und Zeit – Relativität

EAGLE 022:

www.eagle-leipzig.de/022-guenther.htm

D1671104

Edition am Gutenbergplatz Leipzig

Gegründet am 21. Februar 2003 in Leipzig.
Im Dienste der Wissenschaft.

Hauptrichtungen dieses Verlages für Forschung, Lehre
und Anwendung sind:
Mathematik, Informatik, Naturwissenschaften, Wirtschafts-
wissenschaften, Wissenschafts- und Kulturgeschichte.

Die Auswahl der Themen erfolgt in Leipzig in bewährter
Weise. Die Manuskripte werden lektoratsseitig betreut, von
führenden deutschen Anbietern professionell auf der Basis
Print on Demand produziert und weltweit vertrieben. Die
Herstellung der Bücher erfolgt innerhalb kürzester Fristen.
Sie bleiben lieferbar; man kann sie aber auch jederzeit
problemlos aktualisieren. Das Verlagsprogramm basiert
auf der vertrauensvollen Zusammenarbeit mit dem Autor.

Bände der Sammlung „EAGLE-GUIDE"
erscheinen seit 2004 im unabhängigen
Wissenschaftsverlag „Edition am Gutenbergplatz Leipzig"
(abgekürzt: EAGLE bzw. EAG.LE).

Jeder Band ist inhaltlich in sich abgeschlossen.

EAGLE-GUIDE: www.eagle-leipzig.de/guide.htm

Helmut Günther

EAGLE-GUIDE
Raum und Zeit – Relativität

2., bearbeitete und erweiterte Auflage

EAG.LE Edition am Gutenbergplatz
Leipzig

Bibliografische Information der Deutschen Nationalbibliothek
Die Deutsche Nationalbibliothek verzeichnet diese Publikation in der
Deutschen Nationalbibliografie; detaillierte bibliografische Daten sind
im Internet über http://dnb.d-nb.de abrufbar.

Prof. Dr. sc. nat. Helmut Günther
Geboren 1940 in Bochum. 1958 Abitur in Berlin-Weißensee.
Physikdiplom 1963 nach Studium an der Humboldt-Universität
zu Berlin mit dem Schwerpunkt Theoretische Physik.
1966 Dr. rer. nat., 1972 Dr. sc. nat.
Arbeiten über Fehlordnungen in Gitterstrukturen und
Lorentz-Symmetrien. Tätig am Zentralinstitut für Astrophysik
und am Einstein-Laboratorium für Theoretische Physik in
Potsdam-Babelsberg bis 1986. Flucht aus der DDR.
Ab 1987 Max-Planck-Institut für Metallforschung in Stuttgart
und Institut für Theoretische und Angewandte Physik der
Universität Stuttgart.
Von 1990 bis 2005 Professor für Mathematik und Physik
an der Fachhochschule Bielefeld.

Erste Umschlagseite:
Albert Einstein von Christina Günther (Berlin), 2004,
Mischtechnik, 24 cm x 36 cm.

Vierte Umschlagseite:
Dieses Motiv zur BUGRA Leipzig 1914 (Weltausstellung für Buch-
gewerbe und Graphik) zeigt neben B. Thorvaldsens Gutenbergdenkmal
auch das Leipziger Neue Rathaus und das Völkerschlachtdenkmal.

Für vielfältige Unterstützung sei der Teubner-Stiftung in Leipzig gedankt.

EAGLE 022: www.eagle-leipzig.de/022-guenther.htm

© Edition am Gutenbergplatz Leipzig 2009

Printed in Germany
Umschlaggestaltung: Sittauer Mediendesign, Leipzig
Herstellung: Books on Demand GmbH, Norderstedt

ISBN 978-3-937219-88-2

Vorwort

Abgesehen von den wenigen Fachleuten interessiert es doch im Grunde niemanden, ob die Gleichungssysteme, die wir für die Bewegung von elektrisch geladenen oder ungeladenen Körpern auf dem Mars finden, dieselben sind wie die auf der Erde. Eine große Aufregung um Aussagen der theoretischen Physik entsteht aber immer dann, wenn die Bewältigung ihrer Probleme auf einmal zu Behauptungen führt, die unsere Alltagserfahrungen tangieren, was mit besonderer Nachhaltigkeit bei der Speziellen Relativitätstheorie passiert ist.

In der Wissenschaftsgeschichte steht die Spezielle Relativitätstheorie (im folgenden auch als SRT abgekürzt) einmalig da. Vor nun über hundert Jahren durch die genialen Deduktionen ALBERT EINSTEINS mit einem Schlag aus der Taufe gehoben, ist auch heute noch keine Silbe daran zu korrigieren. Diese Theorie bleibt ein unangefochtenes Fundament der gesamten theoretischen Physik. Wen wundert es da, daß zu ihrer Herleitung bis heute auch die EINSTEINsche Methode unangetastet in jedem Buch nachvollzogen wird. Tatsächlich ist dies wohl auch das beste, wenn es um die Ausbildung von theoretischen Physikern geht. Für alle anderen aber entsteht dabei der Eindruck eines Mysteriums: Aus dem gewaltigen Prinzip von der universellen Konstanz der Lichtgeschwindigkeit - für den ungeschulten Laien ein Absurdum - werden die nicht minder absurden Schlüsse von der Kontraktion bewegter Längen und den langsamer gehenden bewegten Uhren gezogen. Um den Leser schließlich vollends zur Verzweiflung zu bringen, werden dann die Konsequenzen aus der SRT mit der berühmten Geschichte von den Zwillingen illustriert, die am Ende nicht mehr gleich alt sind.

Dabei geht alles auch ganz anders, ebenso exakt wie auf dem EINSTEINschen Weg, aber weniger abstrakt, wenn wir nur den Mut aufbringen, von dem traditionellen mathematischen Formalismus der theoretischen Physik abzuweichen.

Auf Elektrodynamik können wir hier ganz verzichten. Die Lichtgeschwindigkeit, mit der wir immer wieder argumentieren, könnten wir ebensogut durch die Geschwindigkeit von Kugeln aus mechanischen Katapulten ersetzen. Nur wissen wir eben, daß die Präzision, auf die es am Ende ankommt, damit auch nicht annähernd zu erreichen ist. Hier sind wir aus Gründen der Meßgenauigkeit auf das Licht angewiesen.

Auch werden wir hier nicht von Anfang an alle Inertialsysteme betrachten. Wir entwickeln unsere Gedanken zunächst nur für ein einziges, willkürlich ausgewähltes Inertialsystem, in dem wir messen. Wir werden sehr sorgfältig Geschwindigkeiten definieren, was uns auf Längen- und Zeitmessungen führt. Wir diskutieren dann die Einsteinschen Fragen, was wir zu erwarten haben, wenn wir die Länge eines bewegten Stabes und die Zeigerstellung einer bewegten Uhr beobachten. Um uns hier nicht mit voreiligen Prämissen den weiteren Weg zu verbauen, lassen wir Experimente antworten. Damit untersuchen wir die physikalischen Eigenschaften unseres Raumes. Das Gedankenexperiment mit der sog. Lichtuhr liefert uns hier wertvolle Anregungen.

Das zentrale Anliegen der SRT ist es, alle Inertialsysteme einzubeziehen. Dabei stoßen wir auf das Problem der Definition der Gleichzeitigkeit, das den Schlüssel zum Verständnis der Relativität enthält. Alle Mißverständnisse zur Speziellen Relativitätstheorie haben ein und dieselbe Quelle, einen mehr oder weniger sorglosen Umgang mit dem Begriff der Gleichzeitigkeit. Die Gleichzeitigkeit ist nicht durch Naturgesetze vorgegeben wie etwa die Mechanik oder die Elektrodynamik. Die Gleichzeitigkeit muß *definiert* werden. Im Prinzip sind wir dabei vollkommen frei. Die ganze Problematik entsteht nun dadurch, daß wir im Grunde doch gezwungen sind, eine sog. konventionelle Gleichzeitigkeit zu definieren, die aber in der relativistischen Raum-Zeit mit den Denkgewohnheiten unseres Alltags kollidiert. Anders ist es jedoch nicht möglich, die Gleichungen der Physik für alle Inertialsysteme mathematisch in der gleichen Weise zu formulieren. Dieses sog. Kovarianzprinzip besitzt als Ordnungsprinzip für eine übersichtliche Formulierung der Gesetze der Physik eine gewaltige Bedeutung.

Für die Definition der Gleichzeitigkeit können wir eine einfache und anschauliche Lösung anbieten, ohne die Lichtgeschwindigkeit bemühen zu müssen.

Nach diesen Vorbereitungen geben wir zunächst eine etwas tiefere Begründung für die Gesetze der uns vertrauten Bewegungsvorgänge in der klassischen Raum-Zeit.

Im Anschluß daran referieren wir die Ergebnisse von modernen Präzisionsexperimenten über das Verhalten von bewegten Maßstäben und Uhren. Der aufmerksame Leser kann damit in Anlehnung an die Prozedur zur Herleitung der klassischen Raum-Zeit die Gesetze der relativistischen Raum-Zeit schon fast allein herleiten. Und wir werden verstehen, warum am Ende die Lichtgeschwindigkeit als eine universelle Konstante herauskommt.

Die physikalischen Eigenschaften unseres Raumes und der Zeit führen auf die Relativität aller Inertialsysteme. Das soll hier nachgewiesen werden, ohne daß wir in das abstrakte Gebäude der mathematischen Physik eindringen müssen.

Das Prinzip einer einheitlichen mathematischen Formulierung der Gesetze der Physik für alle Inertialsysteme werden wir in Kap.15 zum besseren Verständnis einer speziell herausgegriffenen Problematik einmal vorübergehend ignorieren, um uns nämlich allein für das Zwillingsparadoxon zu interessieren. Wir zeigen dort, daß die ganze Aufregung um die Zwillingsgeschichte gar nicht erst aufkommt, wenn wir in der relativistischen Raum-Zeit auf geeignete Weise eine absolute Gleichzeitigkeit einführen. Physikalisch und mathematisch machen wir dabei keinen Fehler. Würden wir diese Definition der Gleichzeitigkeit aber beibehalten, dann erhielten wir für die Gleichungen der theoretischen Physik ein heilloses Durcheinander.

In der Neubearbeitung dieses Buches sind ferner einige Textabschnitte neu formuliert und auch durch Einfügung von zusätzlichen Illustrationen leichter zugänglich gemacht worden.

Zahlreiche Anregungen, die ich im Rahmen eines Seminars zur Speziellen Relativitätstheorie auf der Sommeruniversität der Studienstiftung des deutschen Volkes in La Villa 2005 erhalten habe, sind in diese Darstellung eingeflossen. Dafür möchte ich den Studenten dieses Seminars hier noch einmal herzlich danken.

Es freut mich sehr, daß nach der ersten Auflage 2005 nun eine 2., bearbeitete und erweiterte Auflage folgen kann.

Für die konstruktive und angenehme Zusammenarbeit, die zur Herausgabe dieser Neuauflage geführt hat, bin ich Herrn J. WEISS in Leipzig dankbar verbunden.

Berlin, im Januar 2009   HELMUT GÜNTHER

Inhalt

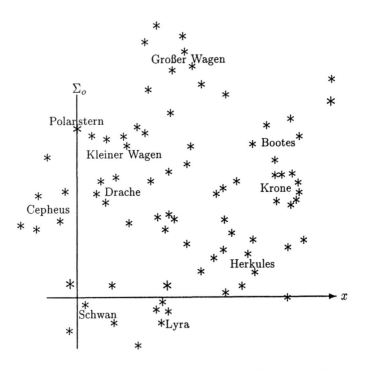

Abbildung 1: Die seit Jahrtausenden zueinander unveränderten Positionen der Fixsterne unserer Milchstraße definieren ein Bezugssystem, das wir im folgenden mit Σ_o bezeichnen.

1 Ein ausgezeichnetes Bezugssystem

Wir wollen Bewegungen von Körpern beschreiben. Dazu brauchen wir einen Bezugskörper, ein Bezugssystem, auf dem wir sitzen und diese Bewegungen beobachten. Bewegung eines Körpers kann immer nur als Bewegung in bezug auf einen anderen Körper verstanden werden. Gegeneinander bewegte Bezugssysteme führen zu unterschiedlichen Beschreibungen von der Bewegung ein und desselben Körpers. PTOLEMÄUS, der die Erde als sein Bezugssystem wählte, fand ganz andere und zwar viel kompliziertere Bahnen für die Bewegungen der Gestirne als KOPERNIKUS, der die Sonne in den Mittelpunkt stellte. Wir werden solchen Bezugssystemen den Vorzug geben, für die sich die Bewegungen möglichst einfach darstellen lassen. Wir fragen nach Bezugssystemen, in denen ein Körper in Ruhe bleibt, wenn keine physikalischen Kräfte auf ihn einwirken, oder in denen er in diesem Fall den Zustand einer gleichförmigen Bewegung beibehält. Solche Bezugssysteme heißen *Inertialsysteme*.

Wo finden wir ein solches System? In erster Näherung erfüllt die Erde diese Bedingung. Auf einer ebenen, ideal glatten Unterlage wirkt auf einen Körper trotz der Erdanziehung keine Reibungskraft, und er bleibt ohne weitere Krafteinwirkungen im Zustand der gleichförmigen Bewegung oder auch in Ruhe. Wenn wir den Körper aber sehr lange in Richtung Norden laufen lassen, beobachten wir wegen der Drehung der Erde eine leichte Krümmung seiner Bahn in Ostrichtung. Die Erde ist demnach kein richtiges Inertialsystem.

Also denken wir uns einen Bezugskörper, der die tägliche Rotation der Erde nicht mitmacht. Abstrahieren wir nun noch von der Bewegung der Sonne, so entsteht ein Bezugssystem, das in bezug auf die Fixsterne ruht, s. Abb.1. Wir wollen es das Inertialsystem Σ_o nennen. Es soll zunächst unser ausgezeichnetes Bezugssystem sein. Oft reicht es auch aus, dafür einfach ein Laboratorium auf der Erde zu nehmen.

2 Koordinaten und Geschwindigkeiten

Im System Σ_o müssen wir nun Koordinaten einführen, drei Ortskoordinaten und eine Zeitkoordinate, die uns Auskunft darüber geben, wann sich ein Körper an welcher Position befindet. Dazu brauchen wir einen Längenmaßstab zur Messung von Entfernungen und eine Uhr, die uns eine abgelaufene Zeit anzeigt. Das alte Pariser Urmeter als Längenmaß und eine mechanische Uhr mit einer Unruh als Chronometer bedienen zwar vollkommen ausreichend unsere prinzipiellen Überlegungen. Für Präzisionsmessungen, die stets die letzte Instanz des Physikers sind, taugen sie aber schon lange nicht mehr. Sie sind nicht gut genug reproduzierbar und auch zu anfällig gegenüber äußeren Einflüssen. Allein die Natur selbst liefert uns ideale, d.h. unveränderbare und beliebig reproduzierbare Längen- und Zeitmaße, wie wir sie in den von angeregten Atomen ausgesandten Lichtwellen finden.

Danach ist das Meter das 1 650 763,73 fache der Wellenlänge einer bestimmten Spektrallinie des Kryptonisotops ^{86}Kr.

Und das Zeitintervall von einer Sekunde ist die Dauer von 9 192 631 770 Schwingungen einer bestimmten Spektrallinie des Cäsiumisotops ^{133}Cs.

Für unser ausgezeichnetes Bezugssystem Σ_o machen wir nun die wichtige Erfahrung der *Homogenität* und *Isotropie*:

Danach gibt es kein Experiment, das uns einen Punkt oder eine Richtung im Raum als bevorzugt auszeichnet. Wenn ich z.B. mit einem Katapult eine Kugel wegschieße, so verläßt die Kugel das Katapult an jedem Ort, zu jeder Zeit und in jeder Richtung mit stets derselben Geschwindigkeit, wenn nur die Abschußbedingungen dieselben sind. Physikalisch wichtiger, weil experimentell bedeutsam, ist diese Aussage für das Licht, für Photonen, die von Atomen ausgesandt werden.

In unserem System Σ_o hat die Geschwindigkeit der Photonen, die Lichtgeschwindigkeit, also an jedem Ort und in jeder Richtung stets ein und denselben Wert.

Diese Aussagen, ob nun für kleine Kugeln, die aus Katapulten kommen, oder für Photonen, die von Atomen abgestrahlt werden, gehören zu unseren Grunderfahrungen und sind für uns so selbstverständlich, daß wir uns meistens nicht die Mühe machen, sie wahrzunehmen.

Wir merken hier an, daß die ganzen Probleme mit den Geschwindigkeiten und namentlich mit der Lichtgeschwindigkeit immer erst dann entstehen, wenn wir die Kugeln oder die Photonen nun zusätzlich noch von einem anderen Bezugssystem aus beobachten wollen, z.B. von einem Zug, der sich mit einer bestimmten Geschwindigkeit v in unserem System Σ_o bewegt. Aber so weit sind wir noch nicht. Wir machen alle Beobachtungen zunächst nur in dem einen System Σ_o.

Die Punkte unseres dreidimensionalen Raumes kennzeichnen wir mit Hilfe eines kartesischen Koordinatensystems. Dazu wählen wir einen Anfangspunkt A mit den Koordinaten $(0, 0, 0)$, von dem die zueinander senkrechten Achsen der x-, y- und z-Koordinatenlinien ausgehen. Die Achsen skalieren wir durch Abtragen des Metermaßes und finden nun z.B. den Punkt mit den Koordinaten $(2,3;\ 3,14;\ 5,1)$, indem wir vom Anfangspunkt A zuerst 2,3 Meter in x-Richtung, dann 3,14 Meter in y-Richtung und schließlich 5,1 Meter in z-Richtung gehen. Damit können wir in unserem Raum Abstände messen und Geometrie betreiben.

Wir wollen aber Bewegungen beschreiben. Dazu müssen wir Zeiten messen und zwar an jedem Punkt des Raumes. Die Angabe von drei Ortskoordinaten und einer Zeitkoordinate (x, y, z, t) nennen wir ein Ereignis. Wir nehmen an, daß uns beliebig viele, identisch gebaute Präzisionsuhren zur Verfügung stehen, die wir überall im Raum verteilen können. Alle diese Uhren müssen nun in Gang gesetzt, für eine geeignete Zeitmessung synchronisiert werden, wie man sagt. Wir setzen die am Koordinatenanfang liegende Uhr auf der Stellung 0 in Gang und nennen dieses Ereignis den Koordinatenursprung O mit den vier Koordinaten $(x = 0, y = 0, z = 0, t = 0)$.

Wie machen wir das aber mit den anderen Uhren?
Sollen wir zuerst alle Uhren am Koordinatenursprung bei
$t = 0$ anstellen und sie dann über den Raum verteilen?
Oder verteilen wir die Uhren erst über den Raum und setzen
sie dann in Gang? Woher wissen wir dann aber, auf welcher
Zeigerstellung wir sie anstellen müssen?
Wenn wir die Uhren aber vor ihrer Verteilung über den Raum
anstellen, müssen wir uns eine Frage gefallen lassen, die zuerst Albert Einstein[2] gestellt hat:
Woher nehmen wir denn die Gewißheit, daß "*...der Bewegungszustand einer Uhr ohne Einfluß auf ihren Gang sei...*",
wodurch die ganze vorherige Einstellung nichts mehr wert
wäre?
Der unvorbereitete Leser mag diese Frage als spitzfindig ab-
tun, da nichts aus unseren Alltagserfahrungen auf einen solchen Effekt hindeutet. Wir können die Einsteinsche Frage
aber auch nicht entkräften und müssen sie also zulassen. Zur
Synchronisation der Uhren werden wir uns einer Geschwindigkeit bedienen.
Um unsere Überlegungen nicht unnötig auszuweiten, werden
wir im folgenden nur Bewegungen entlang einer Achse betrachten, der x-Achse. Ein Ereignis wird dann durch zwei
Koordinaten (x, t) beschrieben.
Angenommen, die Uhren seien synchronisiert. Läuft ein
Körper in gleichförmiger Bewegung von (x_1, t_1) nach (x_2, t_2),
dann ist ihm eine Geschwindigkeit u zugeordnet gemäß

$$u = \frac{x_2 - x_1}{t_2 - t_1} \ . \tag{1}$$

Wir nehmen nun an, wir kennen die Geschwindigkeit u eines Signals, das vom Koordinatenursprung $O(0,0)$ ausgeht.
Die präzisesten Signale sind die von angeregten Atomen ausgesandten Photonen. Deren Geschwindigkeit, die Lichtgeschwindigkeit, wollen wir immer c nennen.
Wenn das Signal am Ort x ankommt, läuft die dort

befindliche Uhr mit der am Koordinatenursprung synchron, wenn wir den Zeiger auf die Stellung t bringen gemäß

$$t = \frac{x}{u} \cdot \quad \text{Synchronisation in } \Sigma_o \\ \text{mit Hilfe einer Geschwindigkeit } u \qquad (2)$$

Um also die Uhren zu synchronisieren, brauchen wir eine Geschwindigkeit. Um aber eine Geschwindigkeit zu messen, brauchen wir synchronisierte Uhren.

Einen Ausweg aus diesem klassischen Zirkelschluß bietet die eingangs festgestellte Grunderfahrung der Homogenität und Isotropie in unserem ausgezeichneten Inertialsystem Σ_o, s. Abb.2.

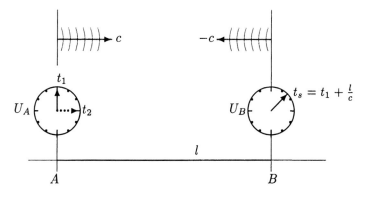

Abbildung 2: Nehmen wir für das Inertialsystem Σ_o Homogenität und Isotropie an, dann gelingt die Messung der Lichtgeschwindigkeit mit einer einzigen Uhr U_A und ermöglicht damit auch die Synchronisation der Uhren U_A und U_B im System Σ_o. U_B läuft mit U_A synchron, wenn U_B bei Ankunft des Lichtsignals von U_A auf die Stellung t_s gestellt wird.

Erreicht ein am Anfangspunkt A unserer Strecke l zur Zeit t_1 ausgesandtes Lichtsignal den Endpunkt B, dann wird

ein Lichtsignal zurückgeschickt. Bei Lichtsignalen müssen wir
dazu bei B nur einen Spiegel aufstellen, während die Verwendung von mechanischen Katapulten, die im Prinzip dasselbe leisten, offensichtlich mit erheblichen experimentellen
Unwägbarkeiten verbunden wäre. Das reflektierte Lichtsignal
kommt am Ausgangspunkt A zur Zeit t_2 an. Auf Grund
der angenommenen Homogenität und Isotropie haben wir
nun sichergestellt, daß die Lichtgeschwindigkeit c in beiden
Richtungen denselben Wert hat, und wir finden für diese Geschwindigkeit c der Photonen

$$c = \frac{2l}{t_2 - t_1} \; . \tag{3}$$

Für den numerischen Wert der Lichtgeschwindigkeit c im
Vakuum finden wir heute

$$c = 299\,792\,458\,\mathrm{ms}^{-1} \; . \qquad \text{Lichtgeschwindigkeit} \quad (4)$$

Kennen wir gemäß (3) mit (4) erst einmal die Lichtgeschwindigkeit, dann haben wir mit der Gleichung (2) ein Verfahren,
mit dem wir alle Uhren im System Σ_o synchronisieren, also 'zeitgleich anstellen' können, indem wir in (2) für u die
Lichtgeschwindigkeit c einsetzen.

Im System Σ_o sind damit jedem Ereignis eineindeutig seine Raum- und Zeitkoordinaten zugeordnet. Bei einer Be-
schränkung auf eine Raumdimension, also auf Bewegungen entlang der x-Achse, sind das in Σ_o die Raum-Zeit-
Koordinaten (x, t). Und für Bewegungen können wir gemäß
(1) Geschwindigkeiten feststellen.

Wir bleiben im System Σ_o und beobachten Bewegungen. Die
Position x eines Objektes verändere sich gemäß $x = x(t)$.
Dabei kann es sich um ein materielles Objekt handeln, z.B.
eine Metallkugel oder ein Photon. Es kann aber auch etwas
rein Geometrisches sein wie der Schnittpunkt eines mit einem kleinen Winkel α gegen die x-Achse geneigten Lineales,
das eine Geschwindigkeit u_2 parallel zur y-Achse besitzt, s.
Abb.3.

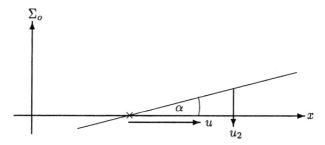

Abbildung 3: Eine rein geometrische Geschwindigkeit.

Die Geschwindigkeit u der Objekte wird aus $u = dx/dt$ berechnet. Für die Front einer Lichtwelle erhalten wir $u = c$, und der Schnittpunkt des Lineals bewegt sich mit $u = u_2/\tan\alpha$ entlang der x-Achse, wie man sich leicht überlegen kann. Bei hinreichend kleinem Schnittwinkel wird diese Geschwindigkeit *beliebig* groß, auch viel größer als z.b. die Lichtgeschwindigkeit.

Eigentlich wissen wir ja noch gar nichts von der besonderen Rolle, die einmal die Lichtgeschwindigkeit für unsere Ausführungen spielen wird. Um es aber schon hier klar zu machen: Überlichtgeschwindigkeiten, wie wir sie hier erzeugen können, haben keine besondere Bedeutung. Das liegt einfach daran, daß wir mit diesen Geschwindigkeiten keine Nachrichten überbringen können. Die besondere Rolle der Lichtgeschwindigkeit hängt aber mit der Signalübertragung zusammen. Wir werden in Kap.12 darauf eingehen.

3 Relativgeschwindigkeiten

Wir betrachten nun zwei Objekte L und K mit den Positionen $x = x(t)$ und $x_1 = x_1(t)$, s. Abb.4. Dabei mag es sich um materielle Objekte oder irgendwelche abstrakten Positionen handeln. Die dazugehörigen Geschwindigkeiten bezeichnen wir mit $u = dx/dt$ und $v = dx_1/dt$.

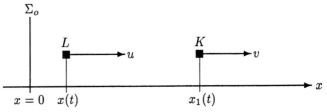

Abbildung 4: Zur Relativgeschwindigkeit.

Für die Koordinatendifferenz Δ von L und K gilt dann
$\Delta(t) = x(t) - x_1(t)$.

Die Geschwindigkeit, mit der sich die Koordinatendifferenz zeitlich ändert, bezeichnet man als *Relativgeschwindigkeit* $w = d\Delta/dt = dx/dt - dx_1/dt$ der beiden Positionen, also

$$w = u - v \longleftrightarrow u = w + v . \qquad \begin{matrix} \text{Relativgeschwindigkeit } w \\ \text{in } einem \text{ Inertialsystem} \end{matrix} \qquad (5)$$

Laufen z.B. zwei Kugeln mit $u = \frac{2}{3}c$ und $v = -\frac{2}{3}c$, dann nähern sie sich in Σ_o mit der Relativgeschwindigkeit
$w = u - v = (2/3)\,c - (-2/3)\,c = (4/3)\,c$.

Für zwei Photonen mit $u = c$ und $v = -c$ finden wir in Σ_o
$w = u - v = 2c$.

Wie in Kap.2 stoßen wir wieder auf Überlichtgeschwindigkeiten. Hier rechnen wir aus, wie schnell sich Koordinatendifferenzen ändern. Signale lassen sich damit nicht übermitteln. Nur für die Signalgeschwindigkeit werden wir die Lichtgeschwindigkeit c als eine obere Grenze ermitteln, s. Kap.12.

4 Das Relativitätsproblem

Gemäß unserer Begriffsbildung in Kap.1 realisiert jeder Körper, der sich in bezug auf Σ_o mit einer konstanten Geschwindigkeit v bewegt, ebenfalls ein Inertialsystem, das wir mit Σ' bezeichnen. Denn ein in bezug auf Σ_o gleichförmig bewegtes Objekt befindet sich auch in bezug auf Σ' in einer gleichförmigen Bewegung. Der Einfachheit halber bleiben wir i. allg. bei Bewegungen entlang der x-Achse von Σ_o. Der Astronaut in einer Raumstation, für die wir in Σ_o eine konstante Geschwindigkeit v beobachten, befindet sich also auch in einem Inertialsystem. Er wird sein Laboratorium auch für Messungen einrichten. Er verfügt über die gleichen Atome wie wir, die ihm die gleichen Präzisionsmaßstäbe für Längen- und Zeitmessungen liefern. Seine Koordinaten wollen wir mit (x', y', z', t') bezeichnen, wobei die Koordinatenachsen von Σ' parallel zu denen von Σ_o ausgerichtet sein sollen.

Der Koordinatenursprung von Σ', d.h. der Anfangspunkt der Ortskoordinaten und die Zeigerstellung $t' = 0$ der dort in Σ' ruhenden Uhr soll mit dem Anfangspunkt der Ortskoordinaten von Σ_o und der Zeigerstellung $t = 0$ der dort in Σ_o ruhenden Uhr zusammenfallen. D.h., für das in Σ_o durch $(x = 0, y = 0, z = 0, t = 0)$ beschriebene Ereignis wird auch $(x' = 0, y' = 0, z' = 0, t' = 0)$ in Σ' beobachtet. Diese Vereinbarung heißt Anfangsbedingung, also, wenn wir zwei Raumdimensionen weglassen,

$$x = 0\,,\ t = 0\,,\quad \longleftrightarrow\quad x' = 0\,,\ t' = 0\,. \qquad \text{Anfangsbedingung} \quad (6)$$

Der Astronaut, der Beobachter in Σ', kann durch einfaches Abtragen seiner Längenmaßstäbe problemlos seine Ortskoordinaten einführen und damit Geometrie betreiben.

Dann verteilt er seine Uhren über den Raum. Nun braucht er ein Katapult mit einer wohldefinierten Geschwindigkeit, damit die überall verteilten Uhren in Gang gesetzt werden können. Die präzisesten Katapulte sind angeregte Atome, die

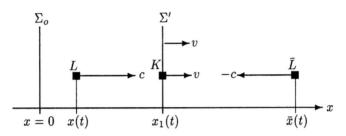

Abbildung 5: Zum Relativitätsproblem.

Photonen aussenden. Orientieren wir uns dazu an Abb. 5.
Nehmen wir an, daß dort der Körper K im System Σ' ruht,
welches also die Geschwindigkeit v in bezug auf Σ_o besitzt.
Nun sei L ein Photon, für das in Σ_o die Geschwindigkeit
c gemessen wird. Nach unseren Ausführungen über die Relativgeschwindigkeit beobachten wir in Σ_o, daß sich dieses
Photon dem in Σ' ruhenden Körper K aber nur noch mit
der Geschwindigkeit $w = c - v$ nähert. Wenn dagegen ein
Photon $\bar{L}$ rechts von K emittiert wird und in die entgegen-
gesetzte Richtung läuft, also in Σ_o die Geschwindigkeit $-c$
besitzt, nähert es sich dem Körper K mit der Geschwindigkeit $w = c + v$. Folgt daraus, daß die Isotropie für das System
Σ' verletzt ist?
Das ist das Relativitätsproblem oder auch Ätherproblem, wie
man es früher genannt hat. Gibt es ein Medium, einen Äther,
in dem sich das Licht so ausbreitet wie der Schall in der Luft?
Wenn nämlich c_a die Schallgeschwindigkeit ist und die Luft
würde im System Σ_o ruhen, dann beobachten wir nur im
System Σ_o dieselbe Schallgeschwindigkeit in allen Richtungen, während der in Σ' ruhende Beobachter die Geschwindigkeit $c_a - v$ für ein Schallsignal feststellt, wenn es von links
kommt und $c_a + v$, wenn es von rechts kommt. Für den Schall
ist Σ_o ein ausgezeichnetes System, weil dort das Medium für
die Schallausbreitung ruht.

Haben wir vielleicht mit der Auswahl unseres Bezugssystems Σ_o in Kap.1 nur Glück gehabt, daß dort der Äther, das hypothetische Medium für die Lichtausbreitung, gerade ruht, so daß die Lichtausbreitung in Σ_o und nur dort isotrop ist? Das System Σ_0 wäre dann tatsächlich physikalisch ausgezeichnet, ein absolutes Bezugssystem. In allen anderen Systemen Σ' wären die physikalischen Gesetze, also z.B die gesamte Elektrodynamik, welche die Gesetze der Lichtausbreitung enthält, komplizierter zu beschreiben ebenso wie die Gesetze der Schallausbreitung komplizierter werden, wenn ich sie von einem System aus beschreibe, in dem die Luft nicht mehr ruht.

Gibt es also eine absolute Bewegung, nämlich die in bezug auf Σ_o? Oder sind doch alle Inertialsysteme gleichberechtigt, so daß alle physikalischen Gesetze, auch das der Lichtausbreitung, in allen Inertialsystemen gleich aussehen?

Diese Frage hat ALBERT EINSTEIN[1,2], s. auch LORENTZ[1], 1905 mit seiner Speziellen Relativitätstheorie beantwortet und damit die gesamten Physik auf eine neue Grundlage gestellt. 1905 hat EINSTEIN sein berühmtes Relativitätsprinzip formuliert, das die Gleichberechtigung aller Inertialsysteme für alle physikalischen Gesetze und insbesondere die universelle Konstanz der Lichtgeschwindigkeit postuliert. Es gibt kein physikalisches Experiment, weder in der Mechanik noch in der Elektrodynamik, mit dem man ein Inertialsystem vor einem anderen auszeichnen könnte. Diesen Sachverhalt wollen wir im folgenden verstehen und also am Ende unser in Kap.1 definiertes, ausgezeichnetes Bezugssystem Σ_o wieder entthronen.

5 Transformation der Koordinaten

Die Umrechnung von den Meßwerten für die Koordinaten, die wir in zwei Inertialsystemen für ein und dasselbe Ereignis E erhalten, heißt Transformation der Koordinaten.

Solange wir im System Σ_o bleiben und nur dort messen, können wir nichts falsch machen. Von den Systemen Σ' nehmen wir nur an, daß auf irgendeine Weise auch dort die Uhren synchronisiert sind, so daß von jedem Ereignis E, wenn wir wieder zwei Raumdimensionen unterdrücken, der Ort x', an dem es beobachtet wird, und die Zeit t', zu der es registriert wurde, bestimmt werden können. In Σ_o beobachtet, finden wir für dasselbe Ereignis E die Koordinaten (x, t). Wir haben also das Problem, wie man für irgendein Ereignis die Koordinaten (x, t) in (x', t') umrechnen kann und umgekehrt.

In der vorrelativistischen Physik, namentlich für die Beschreibung der Mechanik in zwei Inertialsystemen Σ_o und Σ', hat man dafür immer die folgenden einfachen Formeln aufgeschrieben, die sog. GALILEI-Transformation,

$$\left. \begin{array}{ll} x' = x - v\,t\,, & \quad x = x' + v\,t'\,, \\ t' = t\,, & \quad t = t'\,. \end{array} \right\} \begin{array}{l} \text{GALILEI-} \\ \text{Transformation} \end{array} \qquad (7)$$

Diese Gleichungen entsprechen so ganz unserer unreflektierten Anschauung. Zunächst gilt die Anfangsbedingung (6).

Mit $t' = t$ haben wir alle Bedenken bei einer Synchronisation der Uhren beiseite geschoben. Der Gang der Uhren wird als unveränderbar angenommen.

Und die Gleichung $x = x' + v\,t'$ sagt doch nur aus, daß wir in Σ_o für den Abstand des Punktes x' vom Nullpunkt in Σ' einen Abstand vom Nullpunkt in Σ_o messen, der um den Weg $v\,t$, den das System Σ' in der Zeit t zurückgelegt hat, vermehrt ist. Damit haben wir dann bedenkenlos in Σ' gemessene Längen für Σ_o übernommen und umgekehrt.

Um den unübersehbaren Prämissen, mit denen Gleichung (7) überfrachtet ist, zu entkommen, suchen wir den Zusammenhang zwischen den Koordinaten (x, t) bzw. (x', t') eines Ereignisses E in Σ_o bzw. Σ' in der allgemeineren Transformation

$$\left. \begin{aligned} x' &= k(x - v\,t)\,, \\ t' &= \theta\,x + q\,t \end{aligned} \right\} \qquad \text{Koordinaten-Transformation} \quad (8)$$

bzw., in der Auflösung nach den ungestrichenen Variablen,

$$\left. \begin{aligned} x &= \frac{q}{\Delta}\,x' + \frac{v\,k}{\Delta}\,t'\,, \\ t &= -\frac{\theta}{\Delta}\,x' + \frac{k}{\Delta}\,t' \\ \text{mit} \quad \Delta &= k\,(v\,\theta + q)\,. \end{aligned} \right\} \qquad \text{Koordinaten-Transformation} \quad (9)$$

Wegen der Konstanz von v brauchten wir in der ersten Gleichung von (8) nur *einen* Faktor k einzuführen. Denn angenommen, wir beginnen mit dem allgemeineren Ansatz

$$x' = k\,x + \kappa\,v\,t\,. \tag{10}$$

Ein in Σ' ruhender Punkt habe dort die unveränderliche Koordinate x'_o. Zum Zeitpunkt t_o in Σ_o beobachtet, befinde er sich dort an der Position x_o, also

$$x'_o = k\,x_o + \kappa\,v\,t_o\,. \tag{11}$$

In Σ_o ist der Punkt dann zur Zeit $t_o + t$ an der Position $x_o + v\,t$, während in Σ' seine Koordinate x'_o geblieben ist,

$$x'_o = k(x_o + v\,t) + \kappa\,v(t_o + t)\,. \tag{12}$$

Aus (11) und (12) folgt

$$k\,x_o + \kappa\,v\,t_o = k\,x_o + \kappa\,v\,t_o + (k + \kappa)v\,t\,. \tag{13}$$

Diese Gleichung kann für ein beliebiges t aber nur bei $\kappa = -k$ erfüllt werden, wie in Gleichung (8) berücksichtigt. Es bleiben damit nur noch drei Parameter k, q und θ, in denen das ganze Geheimnis von relativistischer oder nichtrelativistischer Raum-Zeit verborgen ist. ((7) entsteht also aus (8) durch $k = q = 1$ und $\theta = 0$). Wir wollen jetzt die experimentelle Bedeutung dieser Parameter k, q und θ herausfinden.

6 Transformation der Geschwindigkeiten

Aus der Transformation der Koordinaten (8) bzw. (9) folgt die Transformation der Geschwindigkeiten.

Für einen Körper K, der sich in Σ_o gemäß $x_1 = x_1(t)$ in x-Richtung bewegt, werde dort die Geschwindigkeit $v = dx_1(t)/dt$ gemessen. Dieser Körper realisiere das Inertialsystem Σ'. Von Σ_o aus werde für ein weiteres 'Objekt' L die Bewegung $x = x(t)$ in x-Richtung mit der Geschwindigkeit $u = dx(t)/dt$ beobachtet. Für dasselbe Objekt L wird von Σ' aus eine Bewegung $x' = x'(t')$ festgestellt und also eine Geschwindigkeit $u' = dx'(t')/dt'$ beobachtet, s. Abb.6,

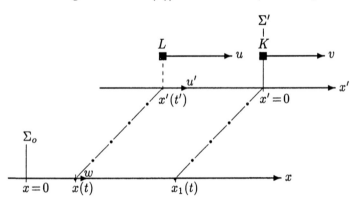

Abbildung 6: Additionstheorem der Geschwindigkeiten. Der Körper K und ein 'Objekt' L mögen im Inertialsystem Σ_o die Geschwindigkeiten $v = dx_1/dt$ bzw. $u = dx/dt$ besitzen. Daher nähert sich das Objekt L in Σ_o dem Körper K mit der Relativgeschwindigkeit $w = u - v$. Diese Geschwindigkeit w ist i. allg. sehr verschieden von der Geschwindigkeit u', mit der sich nach Aussage des auf dem Körper K sitzenden Beobachters das Objekt L dem Körper K nähert. Die strichpunktierten Linien verbinden Punkte im Bild, die dasselbe Ereignis darstellen.

$$\text{Körper } K \qquad \text{Körper } L$$

$$\Sigma_o: \quad v = \frac{dx_1}{dt}, \qquad u = \frac{dx}{dt},$$

$$\Sigma': \quad v' = \frac{dx_1'}{dt'} := 0, \qquad u' = \frac{dx'}{dt'}.$$

In die Formeln (8) für die Koordinaten-Transformation setzen wir die Bewegung $x = x(t)$ ein, also

$$\left. \begin{aligned} x'(t) &= k\big(x(t) - v\,t\big), \\ t'(t) &= \theta\,x(t) + q\,t. \end{aligned} \right\} \tag{14}$$

Durch Differentiation unter Anwendung der Kettenregel können wir damit die Geschwindigkeit u' aus u berechnen:

$$u' = \frac{dx'}{dt'} = \frac{dx'}{dt} \cdot \frac{dt}{dt'} = \frac{dx'}{dt} \cdot \left(\frac{dt'}{dt}\right)^{-1}, \quad \text{also}$$

$$u' = k \cdot \left(\frac{dx}{dt} - v\right) \cdot \left(\theta\,\frac{dx}{dt} + q\right)^{-1} \quad \text{und damit}$$

$$u' = k\,\frac{u - v}{\theta\,u + q}. \tag{15}$$

Die Transformation der Geschwindigkeiten (15) wird auch als *Additionstheorem der Geschwindigkeiten* bezeichnet.

Die Geschwindigkeit u' ist begrifflich verschieden von der in Kap. 3 berechneten Relativgeschwindigkeit w, da u' in Σ' und w in Σ_o gemessen werden. Nur im Fall der GALILEI-Transformation (7) mit $k = q = 1$ und $\theta = 0$ wird $u' = u - v = w$.

Wir schreiben noch den Spezialfall auf, daß der Körper L in Σ_o ruht, also $u = 0$, so daß dann u' die Geschwindigkeit wird, die der in Σ' ruhende Beobachter für Σ_o feststellt,

$$u' = \frac{-k\,v}{q} \quad \text{für} \quad u = 0. \tag{16}$$

Auf diese Gleichung werden wir im Zusammenhang mit der Definition der Gleichzeitigkeit zurückkommen.

7 Beobachtungen an Maßstäben und Uhren

Der Raum kann nicht als ein strukturloses Etwas verstanden werden, als ein leeres Nichts, in dem sich die Körper bewegen. Der Raum ist aber auch kein materielles Medium, ein Äther etwa, dem eine Geschwindigkeit zuzuordnen wäre. Wir werden hier mit EINSTEIN die Frage stellen: Welche physikalischen Eigenschaften besitzt unser Raum, Eigenschaften die wir an Körpern messen können, die sich in diesem Raum bewegen? Die Beantwortung dieser Frage haben wir in unserer Koordinaten-Transformation (8) mit den noch nicht näher bestimmten Parametern k, q und θ offen gehalten.

Die elementarsten Beobachtungen, die wir in unserem Raum machen können, beziehen sich auf Abstände, also Eigenschaften von Maßstäben, und auf Zeiten, also Eigenschaften von Uhren. Wir müssen hier der Überlegung Rechnung tragen, daß die Körper, Maßstäbe und Uhren z.B., und der Raum, mit dessen Hilfe wir sie beschreiben, nur in einem engen Zusammenhang verstanden werden können. Einen Körper gibt es nicht ohne Raum, und ohne einen Körper gibt es auch keinen Raum. Wir können uns hier nicht näher mit den physikalisch denkbaren Strukturen unseres Raumes befassen, da dies sehr tief in die Quantentheorie führen würde. Richtig ist aber z.B., daß der Raum kein mathematisches Kontinuum darstellt, sondern daß es eine kleinste Länge gibt, so daß Abstände unterhalb dieser Länge nicht mehr physikalisch sinnvoll definierbar sind. Anstelle von Raum spricht man daher heute besser von dem physikalischen Vakuum mit seinen vor allem von der Quantentheorie erkannten zahlreichen physikalischen Eigenschaften.

Wir wollen hier die elementarsten Eigenschaften des Vakuums untersuchen, nämlich die physikalischen Eigenschaften von Längenmaßstäben und Uhren, die sich im Raum bewegen.

Aus Gründen der Präzision haben wir in Kap.2 die Längen-maßstäbe und Uhren auf die Eigenschaften der von angeregten Atomen ausgesandten Photonen zurückgeführt und uns damit schon jenseits unserer Anschauung begeben. Es braucht uns dann nicht zu wundern, daß uns nicht alle Eigenschaften dieser Maßstäbe aus unseren Alltagserfahrungen bekannt sind. Die Eigenschaften aus der Mikrophysik übertragen sich aber zwangsläufig auf alle makrophysikalischen Gegenstände. Wir müssen also auf unerwartete Effekte gefaßt sein.

Wir betrachten zunächst Stäbe, die parallel zur x-Achse ausgerichtet sind. Die Länge l eines Stabes ist als die Differenz der Koordinaten seiner Endpunkte $l := x_2 - x_1$ definiert. Ruht der Stab in bezug auf den Beobachter, dann spricht man von seiner Ruhlänge l_o. Diese Größe ist unabhängig von dem Bezugssystem, in dem sie gemessen wird:

$$\left. \begin{array}{l} \text{Die Ruhlänge } l_o \text{ eines Stabes ist eine} \\ \text{unveränderliche Materialgröße.} \end{array} \right\} \tag{17}$$

Wenn sich der Stab in bezug auf den Beobachter bewegt, dann müssen wir nur achtgeben, daß wir die Koordinaten seiner Endpunkte auch zur selben Zeit messen, um einen sinnvollen Ausdruck für seine bewegte Länge l_v zu erhalten, vgl. Abb.7. Der Stab möge auf der x'-Achse des Systems Σ' ruhen und zwar mit dem linken Stabende am Koordinatenanfang. Der rechte Endpunkt des Stabes habe dann die Koordinate x', so daß $x' = l_o$ gilt, denn durch Abtragen von Einheitsstäben haben wir die Koordinaten ja festgelegt. In Σ_o besitzt der Stab die Geschwindigkeit v. Zur Zeit $t = 0$ in Σ_o mißt der Beobachter dort die Endpunkte $x_1 = 0$ und $x_2 = x$, so daß der Beobachter in Σ_o für den bewegten Stab eine Länge $l_v = x$ feststellt. Aus der Gleichung $x' = k(x - v\,t)$ gemäß (8) folgt dann sofort $l_o = k\,l_v$. Damit haben wir die physikalische Bedeutung des Parameters k gefunden, dessen Wert wir also dem Urteil von Präzisionsmessungen überlassen müssen:

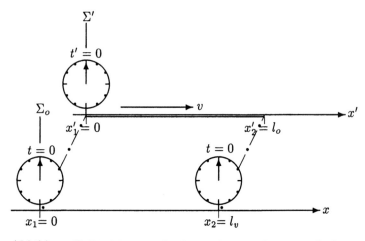

Abbildung 7: Die Messung der Länge l_v eines bewegten Stabes (Erläuterungen im Text). Die strichpunktierten Linien verbinden wieder Punkte im Bild, die dasselbe Ereignis darstellen.

Für den Quotienten aus der Länge l_v eines in Σ_o bewegten Stabes zu seiner Ruhlänge l_o gilt

$$\Sigma_o: \frac{\text{Länge des in } \Sigma_o \text{ bewegten Stabes}}{\text{Ruhlänge des Stabes}} = \frac{l_v}{l_o} = \frac{1}{k}. \qquad (18)$$

Die in Σ_o geltende Gleichung (18) ist die physikalische Interpretation für den in der Koordinaten-Transformation (8) stehenden Parameter k. Wie die Funktion $k = k(v)$ aussieht, können wir gemäß (18) durch Präzisionsmessungen im System Σ_o entscheiden.

Interessant ist auch die Umkehrung der Fragestellung, wenn der Stab mit der Ruhlänge l_o auf der x-Achse des Systems Σ_o ruht und nun vom System Σ' aus beobachtet wird. Aus Gleichung (9) findet man nun, s. hierzu GÜNTHER[3],

$$\Sigma': \frac{\text{Länge des in } \Sigma' \text{ bewegten Stabes}}{\text{Ruhlänge des Stabes}} = \frac{l_v}{l_o} = \frac{k(v\theta + q)}{q}. \qquad (19)$$

Bei den Uhren stoßen wir auf dieselbe Fragestellung.
Unter einer Uhr verstehen wir ein schwingungsfähiges
System. Die Zeigerstellung, das ist die auf der Uhr abge-
lesene Zeit t, zählt die Anzahl ihrer Schwingungen. Wir
wollen die Periodendauer T einer Uhr U^* bzw. ihre Zeitangabe t messen, d.h. mit unseren Normaluhren beobachten, s. hierzu Abb.8.
Ändert sich bei der Uhr U^* deren Periodendauer, dann
ändert sich die von ihr angezeigte, die auf ihr 'abgelaufene Zeit'. Verlängert sich die Periodendauer, dann rückt der
Zeiger langsamer voran. Die Zeitangabe ist umgekehrt pro-
portional zur Periodendauer. Dabei ist angenommen, daß die
Bauart der Uhr unangetastet bleibt.
Wir bemerken noch. Die Spezielle Relativitätstheorie, auf die
unsere Betrachtungen hinzielen, gilt für alle physikalischen
Bereiche mit einer wichtigen Ausnahme, der Gravitation.
Wenn wir die Gravitation in unsere Überlegungen einbeziehen
wollten, müßten wir den mathematischen Rahmen grundsätzlich erweitern, und wir würden das Gymnasialniveau der hier
benutzten Mathematik, das wir im Rahmen unserer speziell
relativistischen Darstellungen nicht verlassen werden, weit
überschreiten. Die Spezielle Relativitätstheorie ist bei einer
Einbeziehung der Gravitation durch die Allgemeine Relativitätstheorie (ART) zu ersetzen. Das hat zur Folge, daß es für
alle Effekte der SRT Korrekturterme durch die Gravitation
gibt. Zum Glück ist die Gravitationskraft aber für Objekte,
mit denen wir i. allg. im Laboratorium experimentieren, ex-
trem klein. Mehr noch, indem wir mit hinreichend kleinen
Massen experimentieren, können wir den Einfluß der Gravitation beliebig klein halten, so daß es durchaus einen Sinn
macht, allein die speziell relativistischen Effekte zu betrachten. Man denke etwa an die Atome, wo die elektrischen Kräfte
ca. 10^{40} mal größer sind als die Gravitationskräfte.

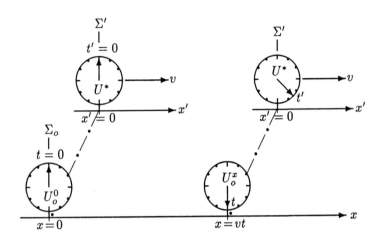

Abbildung 8: Die Zeigerstellungen t' der einen in Σ' ruhenden Uhr U^* werden mit den Zeigerstellungen t derjenigen in Σ_o ruhenden Uhren U_o^x verglichen, an denen jene gerade vorbeikommt. Der linke Teil des Bildes stellt wieder die Anfangsbedingung (6) dar, und strichpunktierte Linien verbinden Punkte im Bild, die zu demselben Ereignis gehören.

Wir fragen nun, ob die bewegte Uhr U^* eine andere Zeit anzeigt als die ruhende.[1]

Unter der *Eigenperiode* T_o einer Uhr U^* verstehen wir diejenige Schwingungsdauer, die wir mit einer Normaluhr feststellen, die relativ zu U^* ruht. Wir konstatieren, daß wir in allen Inertialsystemen über dieselben Normaluhren verfügen. Deren Eigenperiode ist unabhängig von dem Bezugssystem, in dem sie gemessen wird:

---

[1]Tatsächlich wird in Übereinstimmung mit Einsteins[1,2] Allgemeiner Relativitätstheorie ein weiterer Effekt beobachtet. Die Periodendauer einer Uhr hängt von der Stärke des Gravitationsfeldes ab, in dem sie sich befindet. Wir vernachlässigen hier alle Gravitationseffekte.

Die Eigenperiode T_o einer Uhr ist eine
unveränderliche Materialgröße. $\left.\right\}$ (20)

Wenn wir die Zeitangabe einer bewegten Uhr beobachten wollen, brauchen wir stets zwei Normaluhren, um an zwei verschiedenen Positionen, an denen die bewegte Uhr vorbeikommt, einen Zeitvergleich, einen Vergleich der Zeigerstellungen, vornehmen zu können.

Eine Uhr U^* möge im Koordinatenursprung von Σ' ruhen, zeige dort also an der Position $x' = 0$ die Zeit t' an. Wir beobachten diese Uhr vom System Σ_o aus.

Wegen der Anfangsbedingung (6) ist für $(x = 0,\ t = 0)$ auch $(x' = 0,\ t' = 0)$, d.h., die im Koordinatenursprung von Σ' ruhende Uhr U^* hat dieselbe Zeigerstellung wie die im Ursprung von Σ_o ruhende Uhr U_o^0, wenn sie an dieser gerade vorbeikommt, Abb.8,

Erste Zeitnahme E_o : $\begin{array}{lll} \Sigma_o : & x = 0, & t = 0, \\ \Sigma' : & x' = 0, & t' = 0. \end{array} \left.\right\}$ (21)

Die Uhr U^* befindet sich nach der Zeit t in Σ_o an der Position $x = v\,t$. Wir vergleichen die Zeigerstellung t' von U^* nun mit der bei $x = v\,t$ ruhenden Uhr von Σ_o. Gemäß (9) gilt $t' = \theta\,x + q\,t$, also mit $x = v\,t$,

Zweite Zeitnahme E: $\begin{array}{l} \Sigma_o : x = v\,t,\ t, \\ \Sigma' : x' = 0,\ t' = (v\,\theta + q)\,t. \end{array} \left.\right\}$ (22)

Bezeichnen wir die Differenz der Zeigerstellungen einer Uhr als ihre Zeitanzeige, dann folgt

$$\Sigma_o: \frac{\text{Zeitanzeige einer in } \Sigma_o \text{ bewegten Uhr}}{\text{Zeitanzeige zweier in } \Sigma_o \text{ ruhenden Uhren}} = \theta\, v + q\,. \quad (23)$$

Die Periodendauer T ist reziprok zur Zeigerstellung t. Ausgedrückt durch die Eigenperiode T_o einer Uhr und die Periodendauer T_v derselben bewegten Uhr können wir daher anstelle von (23) auch schreiben

$$\Sigma_o: \frac{\text{Periode einer in } \Sigma_o \text{ bewegten Uhr}}{\text{Eigenperiode}} = \frac{T_v}{T_o} = \frac{1}{v\,\theta + q}\,. \quad (24)$$

Gemäß (23) bzw. (24) wird nun die Parameterkombination $v\,\theta + q$ physikalisch interpretiert und durch Präzisionsmessungen in Σ_o bestimmbar.

Zur Bestimmung der drei Parameter k, q und θ stehen uns also nur zwei Messungen zur Verfügung. Wir werden sehen, daß wir über den dritten Parameter, nämlich θ, durch eine Definition verfügen können, die Definition der Gleichzeitigkeit.

Wir weisen noch einmal darauf hin, daß wir bei der hier verfolgten Prozedur die Gleichberechtigung der Inertialsysteme *nicht von vornherein voraussetzen*, sondern eine denkbare Sonderstellung des Systems Σ_o zunächst durchaus zulassen. Daher ist die Umkehrung der Fragestellung interessant, bei der eine Uhr U^* im Koordinatenursprung von Σ_o ruht und vom System Σ' aus beobachtet wird. Für diesen Fall folgt, s. hierzu GÜNTHER[3],

$$\Sigma': \frac{\text{Periode einer in } \Sigma' \text{ bewegten Uhr}}{\text{Eigenperiode}} = \frac{T_v}{T_o} = q\,. \quad (25)$$

8 Die Definition der Gleichzeitigkeit

Wir sind bisher die Anwort auf die Frage schuldig geblieben, wie wir die Uhren in den Systemen Σ' eigentlich synchronisieren wollen. Das soll jetzt nachgeholt werden.

Wir betrachten die Zeit $t = 0$ in Σ_o. Die Zeiger aller Uhren stehen in unserem ausgezeichneten Bezugssystem also auf der Stellung 0. Mit jeder Uhr von Σ_o kommt eine in Σ' ruhende Uhr zur Deckung, und bei $t = 0$ in Σ_o fällt auch der Koordinatenursprung von Σ' mit dem von Σ_o zusammen.

Die Uhren in Σ' müssen nun in Gang gesetzt werden. Wir betrachten dazu die zweite unserer Transformationsgleichungen (8), $t' = \theta\, x + q\, t$. Für $t = 0$ wird daraus

$$t' = \theta\, x. \qquad \begin{array}{c}\text{Synchronisation der Uhren}\\ \text{in } \Sigma' \text{ zur Zeit } t = 0 \text{ in } \Sigma_o\end{array} \qquad (26)$$

Was hindert uns daran, zur Σ_o-Zeit $t = 0$ die Uhren von Σ' auf *irgendeiner* Stellung t' gemäß (26) in Gang zu setzen, also mit einem beliebigen Faktor θ, s. Abb.9. Die zeitliche Ordnung von Ereignissen im Falle der *Kausalität* soll aber erhalten bleiben: Wird in Σ_o das Ereignis $E_1(x_1, t_1)$ als Ursache für $E_2(x_2, t_2)$ beobachtet, so daß $t_1 < t_2$, dann soll in Σ' mit $E_1(x'_1, t'_1)$, $E_2(x'_2, t'_2)$ auch $t'_1 < t'_2$ gelten.

Wir nennen θ den Synchronparameter, den wir für jedes Inertialsystem Σ' mit einer Geschwindigkeit v in bezug auf Σ_o *im Prinzip beliebig* vorgeben können, $\theta = \theta(v)$. Damit haben wir dann auch festgelegt, welche Meßwerte ein Beobachter in Σ' für die Geschwindigkeiten u' von Körpern feststellt, denn dazu brauchen wir die Differenz $\Delta t'$ der Zeigerstellungen zweier Uhren gemäß $u' = \Delta x'/\Delta t'$. Bei einer ungeschickten Verfügung über den Parameter θ handeln wir uns aber mitunter erhebliche mathematische Komplikationen ein.

Eine Festlegung $\theta \neq 0$ bedeutet die Aufgabe der absoluten Gleichzeitigkeit, s. Abb.9. Man könnte daher meinen, es sei das beste, immer $\theta = 0$ vorzuschreiben. Die zweite unserer Gleichungen (8) würde damit einfach $t' = q\, t$ lauten.

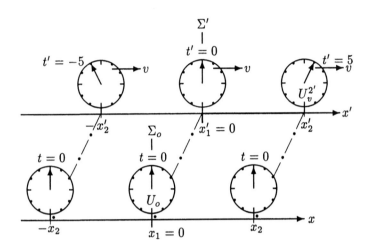

Abbildung 9: Definition einer willkürlich vorgegebenen Gleichzeitigkeit in Σ' mit $\theta \neq 0$. Die strichpunktierten Linien verbinden
Punkte im Bild, die in Wirklichkeit zusammenfallen.

Aus $t_1 = t_2$ folgt dann sofort $t_1' = t_2'$, und das heißt doch:
Zwei Ereignisse, die in Σ_o gleichzeitig sind, werden auch in
jedem anderen Bezugssystem Σ' als gleichzeitig beobachtet.
Wir hätten eine absolute Gleichzeitigkeit, wie wir das aus
der klassischen Raum-Zeit gewöhnt sind. Nun ist eine solche Festlegung prinzipiell immer möglich, s. hierzu Kap.15,
sie kann aber auch zu mathematischen Häßlichkeiten führen.
Und zwar können die mathematischen Verwicklungen so groß
werden, daß man theoretische Physik damit überhaupt nicht
mehr betreiben kann. Mit der im Prinzip frei wählbaren
Definition der Gleichzeitigkeit haben wir es in der Hand, eine
solche Synchronisation der Uhren in den Systemen Σ' vorzu-
nehmen, daß wir damit eine mathematische Einfachheit und
Symmetrie für alle Inertialsysteme erreichen.

Wir betrachten Gleichung (16). Ein Körper L möge in Σ_o ruhen. Seine Geschwindigkeit ist dann also $u = u_o = 0$, und u'_o wird die Geschwindigkeit, die ein im System Σ' ruhender Beobachter für L und damit für das System Σ_o feststellt,

$$u'_o = \frac{-k\,v}{q} \, . \qquad \begin{array}{l} \text{In } \Sigma' \text{ gemessene Geschwindigkeit} \\ \text{für das System } \Sigma_o \end{array} \qquad (27)$$

Der in Σ_o ruhende Beobachter mißt für das System Σ' die Geschwindigkeit v. Gemäß (16) bzw. (27) stellt aber nun der in Σ' ruhende Beobachter für das System Σ_o die Geschwindigkeit $-k\,v/q$ fest.

Wir werden die Uhren in Σ' als sinnvoll eingestellt ansehen, wenn der dort ruhende Beobachter für Σ_o die Geschwindigkeit $-v$ feststellt. Obwohl es rein logisch nicht zwingend ist, werden wir also, um eine größtmögliche mathematische Einfachheit zu erhalten, folgendes *Postulat für die Synchronisation der Uhren in den Systemen* Σ' aufstellen und nennen es **elementares Relativitätsprinzip**:

Wenn der Beobachter im System Σ_o *für das System* Σ' *die Geschwindigkeit* v *gemessen hat, dann soll der Beobachter im System* Σ' *seine Uhren so in Gang setzen, daß er die Geschwindigkeit* $-v$ *für das System* Σ_o *beobachtet.*

Damit folgt aus (16)

$$q = k \, . \tag{28}$$

Wir schreiben nun Gleichung (24) um und beachten (28),

$$\theta\,v + q = \frac{T_o}{T_v} \, , \quad \text{also} \quad \theta = \frac{T_o/T_v - q}{v} = \frac{T_o/T_v - k}{v} \, ,$$

d.h. aber, indem wir noch (18) beachten,

$$\theta = \frac{T_o/T_v - l_o/l_v}{v} \, . \qquad \begin{array}{l} \text{Synchronisation in } \Sigma' \text{ gemäß dem} \\ \text{elementaren Relativitätsprinzip} \end{array} \qquad (29)$$

Die Einstellung der Uhren in Σ' ist damit auf das Verhalten bewegter Uhren und Maßstäbe in Σ_o gegründet. Gleichung (29) ist kein physikalisches Gesetz, sondern eine Definition, deren Zweckmäßigkeit sich erst noch erweisen muß. Unsere ganze Theorie von Raum und Zeit auf der Basis der Koordinaten-Transformationen (8) hängt nun noch von zwei Messungen ab, die wir im System Σ_o auszuführen haben: Wenn wir die Schwingungsdauer einer in Σ_o bewegten Uhr im Verhältnis zu ihrer Eigenperiode und die Länge eines in Σ_o bewegten Stabes im Verhältnis zu seiner Ruhlänge ermittelt haben, liegt alles andere fest. Wir bemerken noch:

$$\left.\begin{array}{l}\text{Die in Gleichung (29) gemäß dem elementaren}\\\text{Relativitätsprinzip definierte Synchronisation}\\\text{heißt } \textit{konventionelle Gleichzeitigkeit.}\\\text{Jede davon abweichende Synchronisation}\\\text{heißt } \textit{nichtkonventionelle Gleichzeitigkeit.}\end{array}\right\} \quad (30)$$

Im nächsten Kapitel werden wir sehen, daß wir im Rahmen der klassischen Physik mit der Definition einer konventionellen Gleichzeitigkeit gemäß (29) gerade die in unserer Anschauung verankerte, nämlich die absolute Gleichzeitigkeit treffen.

Wenn wir aber die Meßgenauigkeit deutlich erhöhen, wie das zum Ende des 19. Jahrhunderts mit dem berühmten MICHELSON-Experiment eingetreten war, zeigt sich die Unhaltbarkeit der klassischen Raum-Zeit-Vorstellungen, und wir entdecken die relativistische Raum-Zeit. Die für die Formulierung der Gleichungen der theoretischen Physik unverzichtbare konventionelle Gleichzeitigkeit ist dann grundsätzlich verschieden von einer absoluten Gleichzeitigkeit.

9 Die Meßgenauigkeit in der klassischen Physik

Es geht um Experimente mit bewegten Körpern. Wir erwähnen den DOPPLER-Effekt, der eine Differenz zwischen einer gesendeten und der empfangenen Frequenz feststellt, wenn sich Sender und Empfänger relativ zueinander bewegen. Bekannt ist auch die Aberration, der Unterschied in der Beobachtungsrichtung eines Sterns, bezogen auf zwei zueinander bewegte Bezugssysteme. Ferner nennen wir die Bestimmung der Ausbreitungsgeschwindigkeit des Lichtes in einer strömenden Flüssigkeit im Versuch von FIZEAU. Für Einzelheiten verweisen wir auf die Literatur, s. z.B. das Lehrbuch GÜNTHER[3].

Allen diesen Effekten ist gemeinsam, daß sie von dem Quotienten $\beta = v/c$ abhängig sind, d.h. von dem Verhältnis der Geschwindigkeit v des Körpers zur Lichtgeschwindigkeit c. Weil das Licht bei diesen Experimenten eine Rolle spielt, ist das auch nicht weiter verwunderlich.

Für die klassische Physik ist nun charakteristisch, daß die Möglichkeiten einer experimentellen Bestätigung dieser Effekte nur für die in v/c linearen Terme gesichert werden kann. Etwaige quadratische Terme v^2/c^2 bleiben unmeßbar klein. Vergleichen wir z.B. bei der Aberration die Bahngeschwindigkeit $v \approx 30\,000\,\mathrm{ms}^{-1}$ der Erde mit der Lichtgeschwindigkeit $c \approx 300\,000\,000\,\mathrm{ms}^{-1}$, dann sind wir für den quadratischen Term schon bei $v^2/c^2 = 10^{-8}$, was mit klassischen Experimenten unterhalb der Nachweisgrenze bleibt.

Es erhebt sich die Frage, ob es physikalische Effekte gibt, die erst in der Ordnung v^2/c^2 einsetzen. Dies ist tatsächlich z.B. beim sog. transversalen DOPPLER-Effekt der Fall, ohne daß wir dies hier weiter ausführen können, s. z.B. in GÜNTHER[3]. Derartige Effekte bleiben uns dann in der klassischen Physik generell verborgen.

Im Rahmen der klassischen Meßgenauigkeit formulieren wir nun zwei Beobachtungen, die i. allg. überhaupt nicht erwähnt werden, nämlich:

1. Die Länge eines Stabes ändert sich bei einer Bewegung nicht:

$$\Sigma_o : \quad \frac{\text{Länge des in } \Sigma_o \text{ bewegten Stabes}}{\text{Ruhlänge des Stabes}} = \frac{l_v}{l_o} = 1 \,. \tag{31}$$

2. Die Schwingungsdauer einer Uhr ändert sich bei einer Bewegung nicht:

$$\Sigma_o : \quad \frac{\text{Periode einer in } \Sigma_o \text{ bewegten Uhr}}{\text{Eigenperiode}} = \frac{T_v}{T_o} = 1 \,. \tag{32}$$

Wir verfügen jetzt über die Synchronisation der Uhren nach dem elementaren Relativitätsprinzip. Aus (29), (31) und (32) finden wir für den Parameter θ

$$\theta = \frac{T_o/T_v - l_o/l_v}{v} = 0 \,. \tag{33}$$

Aus (18), (28) und (31) folgt

$$q = k = 1 \,. \tag{34}$$

Das entspricht ganz unserer Alltagserfahrung.

Diesen Synchronisationsvorgang illustrieren wir in Abb.10. Mit $q = k = 1$ und $\theta = 0$ wird aus der Koordinaten-Transformation (8) die GALILEI-Transformation (7),

$$\left. \begin{array}{l} x' = x - v\,t \,, \\ t' = t \,, \end{array} \quad \longleftrightarrow \quad \begin{array}{l} x = x' + v\,t' \,, \\ t = t' \,. \end{array} \right\} \quad \begin{array}{l} \text{GALILEI-} \\ \text{Transformation} \end{array} \tag{35}$$

Wir kennen jetzt die physikalischen Annahmen, die dieser Transformation zugrundeliegen, nämlich die experimentelle Aussage von der Unveränderlichkeit bewegter Maßstäbe und Uhren sowie die Synchronisation der Uhren nach dem Prinzip der elementaren Relativität.

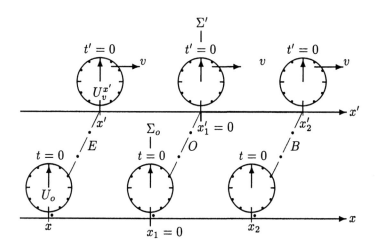

Abbildung 10: Realisierung des elementaren Relativitätsprinzips in der klassischen Raum-Zeit durch eine Synchronisation in den Systemen Σ' mit dem Parameter $\theta_a(v) = 0$, der eine absolute Gleichzeitigkeit einführt. Zur Zeit $t = 0$ in Σ_o werden in allen Inertialsystemen alle Σ'-Uhren auf der Stellung $t' = 0$ in Gang gesetzt. Die strichpunktierten Linien verbinden Punkte im Bild, die dasselbe Ereignis darstellen, hier die Ereignisse E, O und B.

Gemäß der GALILEI-Transformation (35) sind in der klassischen Raum-Zeit zwei Ereignisse $E_1(x_1, t)$ und $E_2(x_2, t)$, die in einem System $\Sigma_o(x, t)$ gleichzeitig sind, auch in jedem anderen System $\Sigma'(x', t')$ gleichzeitig. Mehr noch, nach (35) gilt nicht nur $\Delta t = 0$ genau dann, wenn $\Delta t' = 0$ ist, sondern die Zeiten selbst stimmen überein.

Das ist NEWTONS berühmte absolute Zeit:

$$t' = t. \qquad \text{NEWTONS absolute Zeit (36)}$$

Mit $t' = t$ bleibt die zeitliche Ordnung von Ereignissen im Sinne der Kausalität trivialerweise erhalten, s. Kap.8 und 12.

Und wir erkennen den immensen mathematischen Vorteil, den wir aus der Synchronisation der Uhren in den Systemen Σ' nach der elementaren Relativität gemäß (33) ziehen: Σ'' sei ein drittes Inertialsystem mit den Koordinaten (x'', t''). Bewegt sich Σ'' in bezug auf Σ_o mit der Geschwindigkeit u, dann gilt also

$$\left. \begin{array}{ll} x'' = x - u\,t\,, & x = x'' + u\,t''\,, \\ t'' = t\,, & \longleftrightarrow \qquad t = t''\,. \end{array} \right\} \qquad (37)$$

Aus (35) und (37) folgt sofort

$$\left. \begin{array}{ll} x'' = x' - (u - v)\,t'\,, & x' = x'' + (u - v)\,t''\,, \\ t'' = t'\,, & \longleftrightarrow \qquad t' = t''\,. \end{array} \right\} \qquad (38)$$

Berücksichtigen wir in der Gleichung (15) für das Additionstheorem der Geschwindigkeiten noch die Parameterwerte $q = k = 1$ und $\theta = 0$, dann gilt für die Geschwindigkeit u', die für das System Σ'' in Σ' gemessen wird,

$$u' = u - v \qquad \begin{array}{l} \text{GALILEISche Addition} \\ \text{der Geschwindigkeiten} \end{array} \qquad (39)$$

und damit

$$\left. \begin{array}{ll} x'' = x' - u'\,t'\,, & x' = x'' + u'\,t'\,, \\ t'' = t'\,, & \longleftrightarrow \qquad t' = t''\,. \end{array} \right\} \begin{array}{l} \text{GALILEI-} \\ \text{Transformation} \end{array} \quad (40)$$

Zwei beliebige Inertialsysteme Σ' und Σ'' hängen damit über die GALILEI-Transformation zusammen. Kein Inertialsystem ist vor einem anderen ausgezeichnet. Das ist das berühmte, auch nach GALILEI benannte *Relativitätsprinzip* der klassischen Physik.

Charakteristisch für die klassische Raum-Zeit ist die Übereinstimmung der Formel (5) für die Relativgeschwindigkeit, hier für die in Σ_o gemessene Geschwindigkeit $w = u - v$, mit der sich die beiden Systeme Σ' und Σ'' zueinander bewegen, mit dem Theorem (39) für die Geschwindigkeit u', die vom System Σ' aus für das System Σ'' gemessen wird.

Was passiert aber, wenn wir genauer messen können?

10 Das MICHELSON-Experiment

Wenn Körper und Raum eine so enge Einheit bilden, dann sollten wir unsere experimentellen Anstrengungen zum Nachweis einer denkbaren Veränderung der Ausdehnung von Körpern bei ihrer Bewegung im Raum vergrößern. Tatsächlich wird dies seit über hundertzwanzig Jahren mit ständig verfeinerten Versuchsanordnungen immer wieder getan, wenngleich mit einer zunächst anderen Fragestellung, nämlich der nach dem Bewegungszustand eines vermeintlichen Äthers. Wir sprechen von dem berühmten MICHELSON-Experiment, das nach einer Versuchsidee von J.C. MAXWELL einen sog. Äther nachweisen sollte, ein materielles Medium, in dem sich das Licht ebenso ausbreiten müßte wie der Schall in der Luft - ohne allerdings jemals auch nur den leisesten Hauch dieses Äthers gefunden zu haben.

Wir werden hier sehen, daß dieser Versuch stattdessen hervorragend zum Nachweis der Längenänderung von Körpern geeignet ist, welche diese in Bewegungsrichtung erfahren.

Ausgangspunkt ist unser in Kap.1 definiertes, ausgezeichnetes Bezugssystem Σ_o. Die Erde betrachten wir als ein System Σ', das also in bezug auf Σ_o eine Geschwindigkeit v mit $v \approx 30\,000\,\mathrm{ms}^{-1}$ besitzt. Es handelt sich um ein Experiment mit dem Licht, für das wir in Σ_o die Geschwindigkeit $c = 300\,000\,000\,\mathrm{ms}^{-1}$ messen.

Der Versuchsapparat, das MICHELSONsche Interferometer, möge auf der Erde, also in Σ' ruhen. Die Interferometerarme sind achsenparallel zur x'- bzw. y'-Achse von Σ' ausgerichtet. Das gesamte Interferometer besitzt daher in bezug auf Σ_o die Geschwindigkeit v der Erde. Von einer Quelle L trifft das Licht auf eine halbverspiegelte Platte P, wo es in zwei Strahlen zerlegt wird. Diese laufen zu den Spiegeln S_1 bzw. S_2 und zurück und werden dann bei B zur Interferenz gebracht, s. Abb.11.

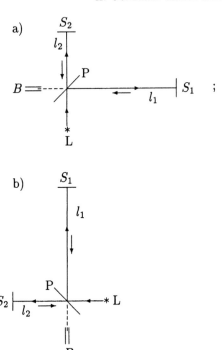

Abbildung 11: Schematische Darstellung eines im System Σ' ruhenden MICHELSONschen Interferometers. a) Ausgangslage. b) Das Interferometer ist um den Winkel $\pi/2$ gedreht.

Das Experiment besteht darin, eine mögliche Änderung des Interferenzbildes nach Drehung des Apparates um den Winkel $\pi/2$ zu beobachten.

Zur Diskussion beobachten wir alle Abläufe dieses Versuches von dem ausgezeichneten System Σ_o aus, welches achsenparallel zu Σ' ausgerichtet ist. Am Ende geht es um die Abhängigkeit der Längen l_1 und l_2 des Interferometers von der Geschwindigkeit v der Erde. Für eine in Σ' ruhende Strecke l_o werde in Σ_o gemäß Gleichung (18) die Länge

$l_v = l_o/k$ gemessen. Dabei wollen wir annehmen, daß eine solche Abhängigkeit nicht vorhanden ist, wenn sich die Länge senkrecht zu ihrer Ausdehnung bewegt.

Wir stellen zunächst zwei Vorüberlegungen an, bei denen wir noch nicht zwischen bewegten und unbewegten Längen unterscheiden.

1. Wenn das Licht im Interferometer von der Platte P aus eine Entfernung l in positiver x-Richtung überwindet, so beobachten wir in Σ_o gemäß (5) dafür eine Geschwindigkeit $u_\rightarrow = c - v$ und auf dem Rückweg $u_\leftarrow = c + v$. Für den Weg hin und zurück benötigt das Licht dann eine aus Weg/Geschwindigkeit berechnete Zeit $t_\leftrightarrow$ gemäß

$$t_\leftrightarrow = \frac{l}{c-v} + \frac{l}{c+v} = \frac{2\,c\,l}{c^2 - v^2}\,, \quad \text{also}$$

$$t_\leftrightarrow = \frac{2l}{c} \frac{1}{1 - v^2/c^2}\,. \qquad \begin{array}{l}\text{Horizontale Laufzeit} \\ \text{des Lichtes in } \Sigma_o\end{array} \quad (41)$$

2. Läuft das Licht im Interferometer von der Platte P aus parallel zur y'-Achse und zurück, dann beobachten wir in Σ_o einen Dreiecksweg, s. Abb.12.

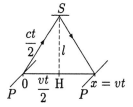

Abbildung 12: Der Lichtweg in Σ_o bei einer Ausbreitung parallel zur y'-Achse in Σ' und zurück.

In Σ_o betrachtet, läuft das Licht von der Platte P bei $x = 0$ über den Punkt S zurück zur Platte P bei $x = v\,t$. Wegen der Lichtgeschwindigkeit c besitzt die Strecke $0S$ die Länge $c\,t/2$. Aus dem rechtwinkligen Dreieck $0SH$ berechnen wir die Laufzeit $t_\updownarrow$ des Lichtes gemäß

$$\left(\frac{c\,t_\updownarrow}{2}\right)^2 = \left(\frac{v\,t_\updownarrow}{2}\right)^2 + l^2 \,,$$

$$\frac{t_\updownarrow^2}{4}\left(c^2 - v^2\right) = l^2 \,,$$

$$t_\updownarrow^2 = \frac{4\,l^2}{c^2 - v^2} \,,$$

$$t_\updownarrow = \frac{2\,l}{c}\,\frac{1}{\sqrt{1 - v^2/c^2}} \,. \qquad \begin{array}{l}\text{Vertikale Laufzeit}\\ \text{des Lichtes in } \Sigma_o\end{array} \quad (42)$$

Wir berechnen jetzt die Differenz Δ der Laufzeiten des Lichtes zwischen der Platte P und den Spiegeln S_1 bzw. S_2 für die beiden Versuchsanordnungen der Abb.11 a) und b). Dabei wollen wir nun die Gleichung (18) berücksichtigen. D.h., wir wollen mit dem in Gleichung (8) eingeführten Faktor k zwischen der Ruhlänge l_o und einer in Σ_o bewegten Länge $l_v = l_o/k$ unterscheiden. Wir erinnern, daß ein solcher Unterschied nur für die Ausdehnung eines Körpers in Bewegungsrichtung in Frage kommt.

Im Falle der Abb.11 a) ist dann die Gleichung (18) auf die Länge l_1 anzuwenden. D.h., in (41) wird für l die Länge l_1/k wirksam, während in (42) für l einfach die Länge l_2 einzusetzen ist. Daraus folgt dann für die Versuchsanordnung nach Abb.11 a) eine Differenz Δ_a der horizontalen und vertikalen Laufzeiten gemäß

$$\Delta_a = \frac{2l_1}{c}\,\frac{1/k}{1 - v^2/c^2} - \frac{2\,l_2}{c}\,\frac{1}{\sqrt{1 - v^2/c^2}} \,. \qquad (43)$$

Im Falle der Abb.11 b) ist die Gleichung (18) auf die Länge l_2 anzuwenden. D.h., in (41) wird für l die Länge l_2/k wirksam, wohingegen nun in (42) für l einfach die Länge l_1 einzusetzen ist, und wir erhalten für die Versuchsanordnung nach Abb.11 b) eine Laufzeitdifferenz Δ_b gemäß

$$\Delta_b = \frac{2\,l_1}{c} \frac{1}{\sqrt{1 - v^2/c^2}} - \frac{2l_2}{c} \frac{1/k}{1 - v^2/c^2} \,. \tag{44}$$

Wenn die beiden an der Platte P durch Zerlegung entstandenen Lichtstrahlen nach ihren Wegen entlang der beiden Interferometerarme am Ende wieder bei P ankommen, werden sie zur Interferenz gebracht. Das Interferenzbild wird durch die Laufzeitdifferenzen Δ_a und Δ_b bestimmt.
Wird das Interferometer von der Stellung a) in die Stellung b) gedreht, dann ändert sich das Interferenzbild, wenn sich die beiden Laufzeitdifferenzen Δ_a und Δ_b unterscheiden, vorausgesetzt, daß dieser Unterschied meßbar ist.
Wir berechnen die Differenz $\delta = \Delta_a - \Delta_b$,

$$\delta = \Delta_a - \Delta_b = \frac{2l_1}{c} \frac{1/k}{1 - v^2/c^2} - \frac{2\,l_2}{c} \frac{1}{\sqrt{1 - v^2/c^2}}$$

$$- \frac{2\,l_1}{c} \frac{1}{\sqrt{1 - v^2/c^2}} + \frac{2l_2}{c} \frac{1/k}{1 - v^2/c^2} \,,$$

$$\delta = 2\,\frac{l_1 + l_2}{c} \left(\frac{1/k}{1 - v^2/c^2} - \frac{1}{\sqrt{1 - v^2/c^2}} \right) \,. \tag{45}$$

Die seit 1881 ständig verbesserten Experimente haben nie auch nur die geringste Änderung des Interferenzbildes ergeben. Das experimentelle Ergebnis lautet also

$$\delta = 0 \,. \qquad \text{Keine meßbare Änderung} \atop \text{des Interferenzbildes} \tag{46}$$

Wir wollen zunächst prüfen, ob die experimentellen Parameter so beschaffen sind, daß es bei der Drehung des Interferometers überhaupt zu einer beobachtbaren Änderung des Interferenzbildes kommen kann. Wenn das Licht in der Zeit $\delta = \Delta_a - \Delta_b$ der Änderung der Laufzeitdifferenzen einen Weg von einer halben Wellenlänge zurücklegen könnte, würden sich die Lichtstrahlen dort auslöschen, wo sie sich vorher verstärkt haben, und umgekehrt. Die Interferenzstreifen würden sich also dann bei der Drehung des Interferometers um eine ganze Breite verschieben.

Wir stellen uns zunächst auf den Standpunkt der klassischen Raum-Zeit mit ihrer Galilei-Transformation (7) und berechnen die Größe δ also für den Fall $k = 1$.

Mit der Geschwindigkeit $v = 30\,000\,\mathrm{ms}^{-1}$ der Erde und der Lichtgeschwindigkeit $c = 300\,000\,000\,\mathrm{ms}^{-1}$ wird

$$\frac{v^2}{c^2} = 10^{-8}\,. \tag{47}$$

Ferner können die Lichtwege entlang der Interferometerarme so eingerichtet werden, daß

$$l_1 + l_2 = 30\,\mathrm{m}\,, \quad \text{also} \quad \frac{l_1 + l_2}{c} = 10^{-7}\,\mathrm{s}\,. \tag{48}$$

Für die runde Klammer in (45) finden wir bei $k = 1$ unter Verwendung der für $x \ll 1$ geltenden Formeln $1/(1-x) \approx 1 + x$ und $1/\sqrt{1-x} \approx 1 + \frac{1}{2}x$ folgende Näherung,

$$\frac{1}{1 - v^2/c^2} - \frac{1}{\sqrt{1 - v^2/c^2}} \approx \left(1 + \frac{v^2}{c^2}\right) - \left(1 + \frac{1}{2}\frac{v^2}{c^2}\right)\,, \quad \text{also}$$

$$\frac{1}{1 - v^2/c^2} - \frac{1}{\sqrt{1 - v^2/c^2}} \approx \frac{1}{2}\frac{v^2}{c^2}\,. \tag{49}$$

Mit (47), (48) und (49) finden wir aus (45) bei $k = 1$ für $\delta \approx 2 \cdot 10^{-7} \cdot \frac{1}{2} \cdot 10^{-8}$, also

$$\delta \approx 10^{-15}\,\mathrm{s}\,. \tag{50}$$

In dieser Zeit δ legt das Licht den Weg l_δ zurück gemäß $l_\delta = \delta \cdot c = 10^{-15} \cdot 3 \cdot 10^8\,\text{s}\,\text{m}\,\text{s}^{-1}$, also

$$l_\delta = 3 \cdot 10^{-7}\,\text{m} \,. \tag{51}$$

Das Licht der dabei verwendeten gelben Natriumlampe besitzt eine Wellenlänge λ von

$$\lambda = 6 \cdot 10^{-7}\,\text{m} \,. \tag{52}$$

Aus der Sicht der klassischen Raum-Zeit stehen wir damit vor einem Rätsel: Die Differenz der Laufzeiten der zur Interferenz gebrachten Lichtstrahlen ändert sich bei der Drehung gerade um eine halbe Wellenlänge, so daß sich die Interferenzstreifen um eine ganze Breite verschieben müßten! Beobachtet wird dagegen überhaupt keine Verschiebung, wie wir das in Gleichung (46) aufgeschrieben haben.

Die Annahme $k = 1$ der klassischen Raum-Zeit können wir also nicht aufrechterhalten.

Das Ausbleiben einer Streifenverschiebung, also die Konsequenz $\delta = 0$ aus Gleichung (45), können wir dagegen sehr einfach mit Hilfe des Faktors k erklären. Offenbar wird stets $\delta = 0$, wenn die runde Klammer in (45) verschwindet, d.h. wenn

$$k = \frac{1}{\sqrt{1 - v^2/c^2}} \,. \tag{53}$$

M.a.W., das prinzipielle Ausbleiben einer Streifenverschiebung wird verständlich, wenn wir annehmen, daß die in Bewegungsrichtung liegende Länge l_v eines Körpers um den Faktor $1/k$ kürzer ist als seine Ruhlänge l_o. Das ist die berühmte LORENTZ-Kontraktion, mit der wir den ersten Schritt zum Aufbau unserer relativistischen Raum-Zeit getan haben. Dabei gilt unsere Aussage zunächst nur für das System Σ_o. Nur dort haben wir bisher gemessen,

$$\Sigma_o : \quad l_v = l_o \sqrt{1 - v^2/c^2} \,.$$

LORENTZ-Kontraktion:
Der bewegte Stab (54)
ist verkürzt.

11 Die Periode einer bewegten Uhr

Vom System Σ_o aus beobachten wir, daß der bewegte Stab kürzer ist als der ruhende. Wie steht es aber um die Schwingungsdauer, die Periode einer bewegten Uhr?

Den entscheidenden Hinweis erhalten wir hier mit Hilfe der folgenden Gedankenkonstruktion. Wir bauen eine sog. Lichtuhr, s. Abb.13.

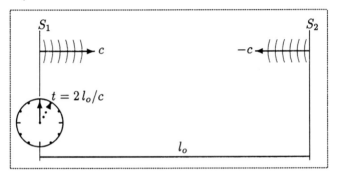

Abbildung 13: Der eingerahmte Bereich, die Lichtuhr, ruht im System Σ_o. Zwischen den Spiegeln S_1 und S_2 soll ein Lichtsignal hin- und herlaufen. Die Zeit, die das Licht braucht, um einmal von S_1 nach S_2 und wieder zurückzugelangen, ist die Schwingungsdauer T_o dieser Lichtuhr.

Ruht die Lichtuhr in Σ_o, dann beträgt die Laufzeit des Lichtes von S_1 nach S_2 und zurück, d.h. die Eigenperiode T_o der Lichtuhr,

$$T_o = \frac{l_o}{c} + \frac{l_o}{c} = \frac{2\,l_o}{c} \ . \tag{55}$$

Wir beobachten die Lichtuhr nur im System Σ_o. Wollten wir die Lichtuhr als Normaluhr für alle Inertialsysteme Σ' einsetzen, dann müßten wir die universelle Konstanz der Lichtgeschwindigkeit in den Systemen Σ' postulieren, was wir hier nicht voraussetzen.

Bewegt sich die Lichtuhr im System Σ_o mit der Geschwindigkeit v, dann muß zunächst die Strecke zwischen S_1 und S_2 durch die bewegte Länge l_v ersetzt werden. Für die Laufzeit des Lichtes auf dem Weg von S_1 nach S_2 wird gemäß Gleichung (5) die Relativgeschwindigkeit $c - v$ wirksam und für den Rückweg des Lichtes von S_2 nach S_1 die Relativgeschwindigkeit $c + v$. Die gesamte Laufzeit des Lichtes von S_1 nach S_2 und zurück, d.h. die Periode T_v der bewegten Lichtuhr, beträgt dann

$$T_v = \frac{l_v}{c - v} + \frac{l_v}{c + v} = l_v \frac{c + v + c - v}{(c - v)(c + v)} = 2\, l_v \frac{c}{c^2 - v^2}\ ,$$

so daß

$$T_v = \frac{2\, l_v}{c} \frac{1}{1 - v^2/c^2}\ . \tag{56}$$

Berücksichtigen wir hier gemäß (54) die Kontraktion bewegter Längen $l_v = l_o \sqrt{1 - v^2/c^2}$, dann folgt

$$T_v = \frac{2\, l_o}{c} \frac{\sqrt{1 - v^2/c^2}}{1 - v^2/c^2} = \frac{2\, l_o}{c} \frac{1}{\sqrt{1 - v^2/c^2}}\ .$$

Also erhalten wir mit (55) für die in Σ_o bewegte Lichtuhr

$$T_v = \frac{T_o}{\sqrt{1 - v^2/c^2}}\ . \qquad \text{Zeitdilatation in } \Sigma_o \tag{57}$$

Die Periode T_v der bewegten Lichtuhr ist nach Gleichung (57) größer als die Periode T_o der ruhenden Uhr. Die Schwingungsdauer ist gedehnt. Daher kommt der Name Zeitdilatation [*spätlat. dilatatio = Erweiterung*]. Der Zeiger, der für die Zeitangabe die Schwingungen zählt, bleibt dann zurück: *Die im System Σ_o bewegte Lichtuhr geht nach*,

$$t' = t \sqrt{1 - v^2/c^2}\ . \tag{58}$$

Diese Gleichung haben wir mit Hilfe eines einfachen mathematischen Modells für eine Lichtuhr in Σ_o unter Berufung auf die LORENTZ-Kontraktion gefunden.

Gilt die Gleichung (57) für die Zeitdilatation aber auch für alle realen Uhren, für die hoch komplizierten Präzisionsuhren, die wir heute bauen?

Wir werden also reale, schwingungsfähige Systeme experimentell dahingehend untersuchen, ob sie ebenso wie die Lichtuhr der Gleichung (57) unterworfen sind.

Während die Gleichung für die Längen-Kontraktion von LORENTZ[1] im Jahre 1904 aufgestellt wurde, also bereits vor der EINSTEINschen Formulierung der Speziellen Relativitätstheorie im Jahr 1905, ließ die experimentelle Sicherheit über den Gang bewegter Uhren lange auf sich warten. Ein erster Nachweis der Zeitdilatation gelang 1938/39 mit den IVES-STILLVELL-OTTING-Experimenten. Über eine ausgezeichnete quantitative Bestätigung der Formel (57) wird erst mit dem Aufkommen neuer experimenteller Möglichkeiten durch den sog. MÖSSBAUER-Effekt ab 1963 in den Präzisionsexperimenten von CHAMPENEY, ISAAK und KHAN berichtet. Wir skizzieren ein vereinfachtes Schema dieses Versuches in Abb.14. Das Isotop ^{57}Co hat die Eigenschaft, in den angeregten Zustand des ^{57}Fe-Atoms überzugehen, welches dann $14,4$ keV γ-Quanten emittiert. Die ^{57}Co-Atome sind in ein Kristallgitter eingebunden, eine Matrix, wie man sagt. Die emittierten γ-Quanten sollen nun von ^{57}Fe-Atomen im Grundzustand, die in eine andere Matrix eingebunden sind, absorbiert werden. Die Einbettung des ^{57}Fe in ein Kristallgitter bewirkt eine geringfügige Verschiebung der Energieniveaus, hier also der $14,4$ keV -Linie. Dieser Unterschied in den Energieniveaus von Quelle und Absorber, der durch die Einbettung in verschiedene Kristallgitter entsteht, ist außerordentlich klein. Seine Messung gelingt mit Hilfe des 1957 entdeckten MÖSSBAUER-Effektes. Für eine sorgfältige Diskussion des CHAMPENEY-ISAAK-KHAN-Versuches zum Nachweis der Zeitdilatation sei auf das Lehrbuch GÜNTHER[3] verwiesen.

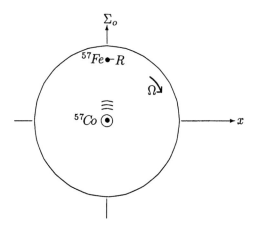

Abbildung 14: Schematische Darstellung eines Versuches von D.C. CHAMPENEY et al. zum Nachweis der Zeitdilatation mit Hilfe eines Hochgeschwindigkeitsrotors. Die Quelle der γ-Quanten ist im Zentrum angeordnet und der Absorber in der Nähe des Randes. Die Rotationsgeschwindigkeit Ω führt auf Grund der Zeitdilatation zu einer Reduzierung der Absorberfrequenz.

Die Durchführung des Versuches bestätigt die Gleichung (57) tatsächlich mit äußerster Präzision. Es gibt heute eine Vielzahl von Experimenten, die das Nachgehen einer bewegten Uhr verifizieren. Ohne hier auf Einzelheiten näher eingehen zu können, erwähnen wir die Messung der Lebensdauer instabiler Teilchen, die sich mit hoher Geschwindigkeit bewegen, sowie das Anfang der siebziger Jahre sehr bekannt gewordene Experiment von J.C. HAFELE und R.E. KEATING, bei dem Cäsium-Normaluhren auf einem Flugzeug um die Erde geschickt wurden, s. hierzu wieder GÜNTHER[3].

Wir haben hier nur in unserem immer noch ausgezeichneten System Σ_o gemessen. Die Gleichungen (57) bzw. (58) wollen wir daher zunächst auch nur für das System Σ_o als nachgewiesen betrachten,

$$\Sigma_o : \left. \begin{array}{l} T_v = \dfrac{T_o}{\sqrt{1 - v^2/c^2}} \, , \\[4mm] t' = t\,\sqrt{1 - v^2/c^2} \, . \end{array} \right\} \quad \begin{array}{l} \text{Zeitdilatation:} \\ \textbf{Die bewegte Uhr} \quad (59) \\ \textbf{geht nach.} \end{array}$$

Die von einer Uhr in ihrem eigenen Ruhsystem gemessene Zeit t heißt ihre *Eigenzeit*.

Mit den Gleichungen (54) und (59), die sich nur auf das System Σ_o beziehen, verfügen wir nun über die vollständige Information zum Aufbau unserer relativistischen Raum-Zeit, wie wir im folgenden Kapitel sehen werden.

Wir bemerken, daß die beiden Aussagen (54) und (59) entscheidend davon abhängen, ob wir über Präzisionsexperimente verfügen, die es uns erlauben, Effekte zu messen, die durch die Terme der zweiten Ordnung bestimmt werden, also durch v^2/c^2. Im Rahmen der klassischen Meßgenauigkeit bleiben uns diese Effekte verborgen.

Abschließend wollen wir die Eigenschaften bewegter Maßstäbe und Uhren zum Anlaß nehmen, darauf aufmerksam zu machen, welche weitreichenden Aussagen in der Physik mit Hilfe von Symmetrieüberlegungen gemacht werden können. Wir betrachten noch einmal das Gedankenexperiment der Lichtuhr. Das Verhalten bewegter Längen, also die Lorentz-Kontraktion, wollen wir aber noch nicht voraussetzen.

Für die ruhende Lichtuhr finden wir gemäß (55) nach wie vor $T_o = \frac{2\,l_o}{c}$, während wir für die bewegte Lichtuhr nur die Gleichung (56) erhalten, $T_v = \frac{2\,l_v}{c} \frac{1}{1 - v^2/c^2}$.

Wenn sich nun die in Σ_o bewegte Länge l_v des Abstandes zwischen den Spiegeln nicht von ihrem Abstand l_o im Ruhezustand unterscheiden sollte, also $l_v = l_o$, dann erhielten wir aber doch eine veränderte Schwingungsdauer T_v , nämlich $T_v = T_o \frac{1}{1-v^2/c^2}$, bzw., wenn wir wie oben die Zeigerstellungen der bewegten Uhr t' nennen, dann würde also die bewegte Uhr die Zeit $t' = t(1 - v^2/c^2)$ anzeigen bei einer Zeitangabe t der ruhenden Uhr.

Umgekehrt würde $T_v = T_o$ und damit $t' = t$ gelten, wenn zwischen der bewegten und der ruhenden Länge der Zusammenhang $l_v = l_o(1 - v^2/c^2)$ richtig wäre.

Was ist zutreffend? Prinzipiell spielen in der Physik Symmetrien eine fundamentale Rolle. Es paßt nicht in unsere Vorstellung von symmetrischen Zusammenhängen in der Natur, daß sich die Schwingungsdauer einer Uhr ändern soll, die Länge eine Stabes aber nicht oder umgekehrt.

Die Zusammenhänge zwischen T_v und T_o bzw. t' und t einerseits sowie l_v und l_o andererseits erhalten eine symmetrische Form, wenn wir annehmen

$$l_v = l_o \sqrt{1 - v^2/c^2} \, . \qquad \begin{array}{l}\text{Längenänderung eines in } \Sigma_o \\ \text{bewegten Stabes}\end{array} \qquad (60)$$

Denn damit folgt aus (56) und (55) sofort

$$T_v = T_o \frac{1}{\sqrt{1 - v^2/c^2}} \qquad \begin{array}{l}\text{Schwingungsdauer einer in } \Sigma_o \\ \text{bewegten Lichtuhr}\end{array} \qquad (61)$$

sowie für die Zeigerstellungen

$$t' = t \sqrt{1 - v^2/c^2} \, . \qquad \begin{array}{l}\text{Zeigerstellungen einer in } \Sigma_o \\ \text{bewegten Lichtuhr}\end{array} \qquad (62)$$

Die Formeln (60) und (62) weisen die gesuchte Symmetrie auf. Damit haben wir auf die im vorangegangenen Kapitel aus Präzisionsmessungen gefundenen Fundamentaleffekte, die LORENTZ-Kontraktion (54) und die Zeitdilatation (59), hier allein aus Symmetrieüberlegungen geschlossen, und unsere theoretischen Überlegungen werden durch die Experimente bestätigt.

12 Die relativistische Raum-Zeit

Es sei v wieder die Geschwindigkeit, die in x-Richtung von Σ_o für das System Σ' gemessen wird. In den Kapiteln 10 und 11 haben wir Maßstäbe und Uhren, die in Σ' ruhen, zum Gegenstand von Präzisionsexperimenten gemacht und damit Effekte der zweiten Ordnung nachgewiesen, also der Ordnung v^2/c^2. Danach ist die Länge l_v eines Körpers in Bewegungsrichtung kontrahiert, verglichen mit seiner Eigenlänge, der im Ruhezustand gemessenen Ruhlänge l_o, und die Periode T_v einer bewegten Uhr ist gedehnt, verglichen mit ihrer Eigenperiode, der im Ruhezustand gemessenen Periode T_o,

$$\Sigma_o: \left.\begin{array}{l} l_v = l_o \sqrt{1 - v^2/c^2} \ , \\[2mm] T_v = \dfrac{T_o}{\sqrt{1 - v^2/c^2}} \ . \end{array}\right\} \tag{63}$$

Es geht darum, bei diesem Verhalten bewegter Maßstäbe und Uhren in Σ_o die Koordinaten-Transformationen (8) aufzuschreiben. Gemäß unserer Definition der Gleichzeitigkeit in den Systemen Σ' nach dem elementaren Relativitätsprinzip gilt nach Gleichung (28) nun $q = k$, also nach (18) und (63)

$$q = k = \frac{1}{\sqrt{1 - v^2/c^2}} \ . \tag{64}$$

Und für den Parameter θ erhalten wir mit (29) und (63)

$$\begin{aligned} \theta \ &= \ \frac{T_o/T_v - l_o/l_v}{v} \\[3mm] &= \ \frac{\sqrt{1 - v^2/c^2} - 1/\sqrt{1 - v^2/c^2}}{v} \ = \ \frac{1 - v^2/c^2 - 1}{v\sqrt{1 - v^2/c^2}} \ , \end{aligned}$$

also

$$\theta = \frac{-v/c^2}{\sqrt{1 - v^2/c^2}} \ . \tag{65}$$

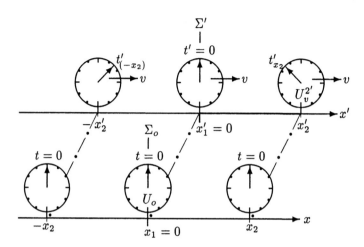

Abbildung 15: Die Synchronisation der Uhren in der relativistischen Raum-Zeit gemäß $t' = \theta x = (-v x/c^2)\big/\sqrt{1 - v^2/c^2}$. Die strichpunktierten Linien verbinden wieder Punkte im Bild, die in Wirklichkeit zusammenfallen.

Die Synchronisation der Uhren in den Systemen Σ' mit diesem Parameter θ skizzieren wir in Abb.15.

Wir erinnern: Der im Prinzip frei wählbare Parameter θ reguliert die Anfangsstellung der Uhren in den Systemen Σ', s. Gleichung (26). Die freie Wahl von θ haben wir in Kap.8 mit dem elementaren Relativitätsprinzip ausgenutzt, um eine Symmetrie in der Beschreibung von Bewegungen herzustellen. Aus der Herleitung von Gleichung (65) ist nun sehr schön zu sehen, wie diese Synchronisationsvorschrift von dem Verhalten bewegter Maßstäbe und Uhren abhängt. Als wichtigstes Ergebnis unserer Synchronisation nach dem elementaren Relativitätsprinzip werden wir nun die Symmetrie in den Koordinaten-Transformationen zeigen. Im Anschluß daran werden wir auch den Preis dafür diskutieren, nämlich die Aufgabe der uns so vertrauten absoluten Gleichzeitigkeit.

Mit k, q und θ gemäß (64) und (65) erhalten wir aus den allgemeinen Koordinaten-Transformationen (8) die berühmte Lorentz-Transformation,

$$\left.\begin{aligned} x' &= \frac{x - v\,t}{\sqrt{1 - v^2/c^2}} \,, \\[2mm] t' &= \frac{t - v\,x/c^2}{\sqrt{1 - v^2/c^2}} \,. \end{aligned}\right\} \qquad \text{Lorentz-Transformation} \quad (66)$$

Und für die Umkehrung finden wir aus (9) mit (64) und
$\Delta = k(v\,\theta + q) = k(T_o/T_v - l_o/l_v + k) = k(1/k - k + k)$, also

$$\Delta = 1 \,, \tag{67}$$

$$\left.\begin{aligned} x &= \frac{x' + v\,t'}{\sqrt{1 - v^2/c^2}} \,, \\[2mm] t &= \frac{t' + v\,x'/c^2}{\sqrt{1 - v^2/c^2}} \,. \end{aligned}\right\} \qquad \begin{aligned}&\text{Lorentz-Transformation} \\ &\text{mit } -v \text{ anstelle von } v \text{ in (66)}\end{aligned} \quad (68)$$

Das System Σ' habe in x-Richtung von Σ_o wieder die Geschwindigkeit v. Für ein Objekt L mögen in Σ_o und Σ' die Geschwindigkeiten u bzw. u' gemessen werden. Berücksichtigen wir nun in der Gleichung (15) die Parameter k, q und θ gemäß (64) und (65), dann folgt

$$u' = k\,\frac{u - v}{\theta\,u + q} \;=\; \frac{1}{\sqrt{1 - v^2/c^2}}\;\frac{u - v}{\frac{-v/c^2}{\sqrt{1 - v^2/c^2}}\,u + 1/\sqrt{1 - v^2/c^2}}$$

und damit das berühmte Einsteinsche Additionstheorem der Geschwindigkeiten mit seiner Umkehrung,

$$\left.\begin{aligned} u' &= \frac{u - v}{1 - u\,v/c^2} \,, \\[2mm] u &= \frac{u' + v}{1 + u'\,v/c^2} \,. \end{aligned}\right\} \qquad \begin{aligned}&\text{Einsteins Additionstheorem} \\ &\text{der Geschwindigkeiten}\end{aligned} \quad (69)$$

Bevor wir zur Diskussion dieser äußerst bemerkenswerten
Gleichung kommen, wollen wir uns davon überzeugen, daß
die LORENTZ-Transformation (66) nun auch zwischen zwei beliebigen Inertialsystemen Σ' und Σ'' gilt. Wir wollen also
zeigen:
Sind Σ' und Σ'' zwei beliebige Inertialsysteme, welche die
Geschwindigkeiten v bzw. u im System Σ_o besitzen, so daß
also neben (66) auch die Transformation

$$x'' = \frac{x - u\,t}{\sqrt{1 - u^2/c^2}} \ , \qquad \left.\begin{array}{l} \\[2ex] \\ \end{array}\right\} \qquad \text{LORENTZ-Transformation (70)}$$

$$t'' = \frac{t - u\,x/c^2}{\sqrt{1 - u^2/c^2}}$$

gilt, dann hängen die Koordinaten (x', t') und (x'', t'') der
Systeme Σ' und Σ'' über eine ebensolche Transformation
zusammen, also gemäß

$$x'' = \frac{x' - u'\,t'}{\sqrt{1 - u'^2/c^2}} \ , \qquad \left.\begin{array}{l} \\[2ex] \\ \end{array}\right\} \qquad \text{LORENTZ-Transformation (71)}$$

$$t'' = \frac{t' - u'\,x'/c^2}{\sqrt{1 - u'^2/c^2}} \ ,$$

wo nun u' die Geschwindigkeit ist, welche im System Σ'
für das System Σ'' gemessen wird. Die Geschwindigkeit u'
ist also über das Additionstheorem (69) durch u und v
bestimmt.
Um nachzuweisen, daß tatsächlich die Gleichung (71) eine
Konsequenz von (66) und (70) ist, zeigen wir mit einer elementaren Rechnung, die nur ein wenig Geduld erfordert, daß
(71) in die Gleichung (70) übergeht, wenn wir für x' und
t' die Transformation (66) einsetzen und das EINSTEINsche
Additionstheorem (69) für u' beachten:

$$x'' = \frac{\dfrac{x-vt}{\sqrt{1-v^2/c^2}} - \dfrac{u-v}{1-uv/c^2}\dfrac{t-vx/c^2}{\sqrt{1-v^2/c^2}}}{\sqrt{1 - \left(\dfrac{u-v}{1-uv/c^2}\right)^2 / c^2}}$$

$$= \frac{x - vt - \dfrac{u-v}{1-uv/c^2}(t - vx/c^2)}{\sqrt{1-v^2/c^2}\sqrt{1 - \left(\dfrac{u-v}{1-uv/c^2}\right)^2 / c^2}}$$

$$= c\,\frac{x - vt - \dfrac{u-v}{c^2-uv}(c^2 t - vx)}{\sqrt{c^2-v^2}\sqrt{1 - \left(\dfrac{u-v}{c^2-uv}\right)^2 c^2}}$$

$$= c\,\frac{(x-vt)(c^2-uv) - (u-v)(c^2 t - vx)}{\sqrt{c^2-v^2}\sqrt{(c^2-uv)^2 - (u-v)^2 c^2}}$$

$$= c\,\frac{x(c^2-v^2) - ut(c^2-v^2)}{\sqrt{c^2-v^2}\sqrt{(c^2-uv)^2 - (u-v)^2 c^2}}$$

$$= c\,\frac{x(c^2-v^2) - ut(c^2-v^2)}{\sqrt{c^2-v^2}\sqrt{(c^2-u^2)(c^2-v^2)}}\ , \quad \text{so daß}$$

$$x'' = \frac{x - u\,t}{\sqrt{1-u^2/c^2}}\ , \quad \text{und ebenso folgt}\quad t'' = \frac{t - u\,x/c^2}{\sqrt{1-u^2/c^2}}\ ,$$

was wir zeigen wollten, wobei wir uns den vollkommen analogen Rechengang für die zweite Gleichung geschenkt haben. Alle Inertialsysteme hängen also über die LORENTZ-Transformation zusammen. Um diesen Sachverhalt noch besser verstehen zu können, wollen wir uns das EINSTEINsche Additionstheorem (69) etwas genauer ansehen.

Die in der relativistischen Raum-Zeit geltende Gleichung (69) für die Geschwindigkeiten u bzw. u' eines Objektes L, gemessen in zwei Inertialsystemen, sagen wir Σ_o und Σ', ist nun durchaus verschieden von der Gleichung (5) für die Relativgeschwindigkeit w, die in Σ_o zwischen L und Σ' beobachtet wird. Nur für Geschwindigkeiten u und v mit $uv \ll c^2$, so daß $uv/c^2 \approx 0$ gesetzt werden kann, erhalten wir die alten Verhältnisse der klassischen Physik, vgl. Kap.9. Wir zeigen nun:

Wird für ein Objekt in einem Inertialsystem Σ' eine Geschwindigkeit $u' < c$ gemessen, dann besitzt dieses Objekt in jedem Inertialsystem Unterlichtgeschwindigkeit.

Es sei u' die in Σ' gemessene Geschwindigkeit eines Körpers L und v die Geschwindigkeit von Σ' in Σ_o mit $0 < u', v < c$. Dann bleibt auch die in Σ_o gemessene Geschwindigkeit u von L kleiner als die Lichtgeschwindigkeit, denn:

$$0 < (c - u')(c - v) = c^2 - cu' - cv + u'v, \quad \text{also}$$

$$c(u' + v) < c^2(1 + (u'v)/c^2), \text{ also } 0 < u = \frac{u' + v}{1 + u'v/c^2} < c,$$

was wir zeigen wollten.

Auf die Invarianz der zeitlichen Reihenfolge kausal zusammenhängender Ereignisse kommen wir gleich zu sprechen. Bei Bewegungen im Bereich der Lichtgeschwindigkeit werden wir aber mit unerwarteten Resultaten konfrontiert.

Sind also beispielsweise $u' = 0,5\,c$ und $v = 0,5\,c$, dann folgt

$$u = \frac{u' + v}{1 + u'v/c^2} = \frac{0,5\,c + 0,5\,c}{1 + 0,25} = 0,8\,c.$$

Das ist die relativistische Addition der Geschwindigkeiten! Auf die halbe Lichtgeschwindigkeit noch einmal die halbe Lichtgeschwindigkeit daraufgesetzt, ergibt nur 4/5 der Lichtgeschwindigkeit.

Entscheidend ist aber nun die folgende Konsequenz aus (69): Es sei $u = c$ die in Σ_o gemessene Geschwindigkeit des Objektes L. Das Objekt sei also z.B. die Front einer Lichtwelle oder ein Photon. Für die in Σ' gemessene Geschwindigkeit c' des Lichtes folgt dann aus (69)

$$c' = \frac{c - v}{1 - c\,v/c^2} = \frac{c - v}{(c - v)/c} \, ,$$

also

$$c' = c \, . \qquad \text{Universelle Konstant} \atop \text{der Lichtgeschwindigkeit} \qquad (72)$$

Messen wir also in einem einzigen Inertialsystem für die Geschwindigkeit eines Objektes den Wert $u = c$, dann besitzt dieses Objekt in jedem Inertialsystem Lichtgeschwindigkeit.

Dabei muß es sich nicht notwendig um die Ausbreitung von Lichtwellen handeln. Auch Neutrinos bewegen sich in jedem Inertialsystem mit Lichtgeschwindigkeit, wenn wir voraussetzen, daß die Ruhmasse der Neutrinos Null ist. Die Aussage (69) gilt aber auch für Situationen, die physikalisch vollkommen bedeutungslos sind. Richten wir die Geschwindigkeit u_2 und den Winkel α in Abb.3 so ein, daß exakt der Wert $u = c$ herauskommt, so wird dieser Wert für die Laufgeschwindigkeit des Schnittpunktes in jedem Inertialsystem gemessen.

Die Gültigkeit der Lorentz-Transformation (71) zwischen zwei beliebigen Inertialsystemen ist für das Gebäude der theoretischen Physik von grundsätzlicher Bedeutung. Der Preis dafür ist die Aufgabe der uns so vertrauten absoluten Gleichzeitigkeit.

Wir betrachten zwei Ereignisse $E_1(x_1, t_1)$ und $E_2(x_2, t_1)$, die in einem System $\Sigma_o(x, t)$ gleichzeitig zu einer Zeit $t_1 = t_2 = t$ beobachtet werden und dort an verschiedenen Positionen $(x_1 \neq x_2)$ stattfinden, also

$$\Sigma_o(x, t): \ E_1(x_1, t), \ E_2(x_2, t) \quad \text{mit} \quad x_1 \neq x_2 \, . \qquad (73)$$

Aus der Lorentz-Transformation, s. z.B. (66), liest man sofort ab, daß diese Ereignisse in jedem anderen, zu Σ_o bewegten System $\Sigma'(x', t')$ nicht mehr als gleichzeitig beobachtet werden:

$$\Sigma'(x,t):$$

$$t_1' = \frac{t - v\,x_1/c^2}{\sqrt{1 - v^2/c^2}}, \quad t_2' = \frac{t - v\,x_2/c^2}{\sqrt{1 - v^2/c^2}}, \left.\vphantom{\frac{t}{t}}\right\} \quad (74)$$

also

$$t_1' \neq t_2' \quad \text{für} \quad x_1 \neq x_2.$$

Die elementare Relativität erzwingt EINSTEINS berühmte

Relativität der Gleichzeitigkeit:

$$\Sigma_o : t_1 = t_2 \quad \text{und} \quad x_1 \neq x_2 \quad \longrightarrow \quad \Sigma' : t_1' \neq t_2'. \left.\vphantom{\frac{t}{t}}\right\} \quad (75)$$

Das braucht uns nicht weiter zu wundern. Da wir als Tribut an die Symmetrie der Koordinaten-Transformationen θ gemäß (65) wählen, wird z.B. für $E_1(x_1, 0)$ und $E_2(x_2, 0)$ mit $x_1 \neq x_2$, also in Σ_o an zwei verschiedenen Positionen zur Zeit $t = 0$, im System Σ' per Definition gemäß (26) $t_1' = \theta\,x_1 \neq t_2' = \theta\,x_2$.

Wir fragen jetzt nach der Geschwindigkeit, mit der Signale übertragen werden können, und zeigen, daß die zeitliche Reihenfolge kausal zusammenhängender Ereignisse unabhängig vom Bezugssystem ist.

Die Übertragung eines Signals ist immer auch die Übertragung eines Energiebetrages E, wenn dieser auch noch so klein sein mag. Diese Energie besitzt, wie wir wissen, eine träge Masse $m = E/c^2$.

Wir müssen nun zwei Fälle unterscheiden:

1. Es gibt ein Inertialsystem, in welchem diese träge Masse ruht, bei der Geschwindigkeit $u = 0$ also die träge Masse m_o besitzt. Dann besitzt diese Masse in jedem Inertialsystem eine Unterlichtgeschwindigkeit, wie wir gezeigt haben.

2. Die zu dem Signal gehörende Energie E mit der an sie gebundenen Masse m läuft in einem Inertialsystem mit Lichtgeschwindigkeit durch den Raum. Dann läuft diese Energie in jedem Inertialsystem mit Lichtgeschwindigkeit, wie wir ebenfalls gesehen haben. Bei dem Signal handelt es sich also z.B. um die Aussendung von Photonen, die keine Ruhmasse besitzen. Wir bemerken noch: In der Sprache der Quantentheorie haben Photonen, welche monochromatischem Licht der Frequenz ν zugeordnet sind, die Energie $E = h\nu$ und also eine träge Masse $m = h\nu/c^2$. Hierbei ist h die PLANCKsche Konstante. Die Masse eines Photons kann sich nur dadurch ändern, daß sich seine Frequenz ändert.

Wir kommen zu dem Schluß:

Signale können maximal mit Lichtgeschwindigkeit übermittelt werden.

Werden die Ereignisse $E_1(x_1, t_1)$ und $E_2(x_2, t_2)$ in Σ_o beobachtet, dann ist durch ihre zeitliche Abfolge eine Geschwindigkeit $u := (x_2 - x_1)/(t_2 - t_1)$ definiert. Das Ereignis $E_2(x_2, t_2)$ kann nur dann durch $E_1(x_1, t_1)$ ausgelöst werden, wenn u die Übertragungsgeschwindigkeit einer Energie ist. Für einen kausalen Zusammenhang der beiden Ereignisse muß also $|u| < c$ gelten.

Von einem System Σ' beobachtet, das in bezug auf Σ_o die Geschwindigkeit v besitzt, definiert die Abfolge der beiden Ereignisse eine Geschwindigkeit $u' = (x_2' - x_1')/(t_2' - t_1')$.

Auf die rechte Seite der Gleichung $t_2' - t_1' = (x_2' - x_1')/u'$ wenden wir die LORENTZ-Transformation (68) und EINSTEINS Additionstheorem der Geschwindigkeiten (69) an und finden

$$t_2' - t_1' = \frac{x_2 - v\,t_2 - (x_1 - v\,t_1)}{\sqrt{1 - v^2/c^2}}\,\frac{1 - u\,v/c^2}{u - v}$$

$$= \frac{x_2 - x_1 - v\,(t_2 - t_1)}{\sqrt{1 - v^2/c^2}}\,\frac{1 - u\,v/c^2}{u - v},$$

also

$$t'_2 - t'_1 = (t_2 - t_1) \frac{1 - u\,v/c^2}{\sqrt{1 - v^2/c^2}} \,. \tag{76}$$

Wegen $|v| < c$ können wir daraus folgendes ablesen.

a) Da bei einem kausalen Zusammenhang der beiden Ereignisse immer $|u| \leq c$ gilt, bleibt stets $0 < 1 - u\,v/c^2$. Das heißt aber, $t'_2 - t'_1$ hat immer dasselbe Vorzeichen wie $t_2 - t_1$: *Die zeitliche Reihenfolge kausal zusammenhängender Ereignisse ist unabgängig vom Bezugssystem.*

b) Ist dagegen $|u| > c$, so daß die beiden Ereignisse nicht mehr kausal zusammenhängen können, dann gibt es immer solche Bezugssysteme Σ' mit $|v| < c$, so daß $1 - u\,v/c^2 < 0$ wird. Beim Übergang zu einem solchen Bezugssystem Σ' beobachten wir dann eine Umkehrung in der zeitlichen Abfolge der beiden Ereignisse.

Es ist nicht ganz einfach, aber sehr aufschlußreich zu sehen, wie die Unveränderlichkeit der Lichtgeschwindigkeit (72) bei unserem Herangehen durch ein Ineinandergreifen von Längenkontraktion, Zeitdilatation und der Synchronisation der Uhren zustandekommt. Die universelle Konstanz der Lichtgeschwindigkeit kann damit gezeigt werden, ohne daß wir auf die LORENTZ-Transformation oder EINSTEINS Additionstheorem der Geschwindigkeiten zurückgreifen.

Das Aussenden eines Lichtsignals möge in Σ_o und Σ' die gemeinsamen Koordinaten ($x_1 = x'_1 = 0$, $t_1 = t'_1 = 0$) haben, wobei Σ' wieder die Geschwindigkeit v in bezug auf Σ_o besitzt, s. Abb.16.

In Σ_o ist das Signal nach der Zeit t_A an der Position ($x_A = c\,t_A$, t_A), was wir das Ereignis E_A nennen wollen. Dem Ereignis E_A sind in Σ' Koordinaten (x'_2, t'_A) zugeordnet. Die Koordinate x'_2 ist die in Σ' gemessene Entfernung zum Koordinatenanfang $x'_1 = 0$.

Die Geschwindigkeit c' der Ausbreitung des Lichtsignals berechnen wir in Σ' aus

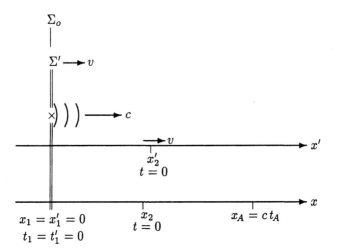

Abbildung 16: Die Messung der Lichtgeschwindigkeit in Σ'. Von Σ_o aus betrachtet, nähert sich das Licht dem Punkt x_2' auf der x'-Achse mit der Geschwindigkeit $c - v$. Für die in Σ' berechnete Lichtgeschwindigkeit $c' = x_2'/t_A'$ brauchen wir die Zeigerstellung t_A' des Signals bei seiner Ankunft am Punkt x_2', worauf die Definition der Gleichzeitigkeit wesentlich Einfluß nimmt. Wie man aus Abb.15 ersehen kann, hat die bei x_2' ruhende Σ'-Uhr $U_v^{2'}$ eine negative Anfangszeigerstellung t_{x_2}'.

$$c' = \frac{x_2'}{t_A'} \, . \tag{77}$$

In Σ_o bewegt sich die in Σ' liegende Strecke der Länge x_2' mit der Geschwindigkeit v. Diese Strecke besitzt also in Σ_o die Länge $x_2' \sqrt{1 - v^2/c^2}$.

In Σ_o gemessen, braucht das Licht, das sich in bezug auf diese Strecke mit der Relativgeschwindigkeit $c - v$ bewegt, daher die Zeit t_A gemäß

$$t_A = \frac{x_2' \sqrt{1 - v^2/c^2}}{c - v} \, .$$

Die am Punkt bei x_2' in Σ' ruhende Uhr $U_v^{2'}$ zeigt bei Ankunft des Signals eine Zeit t_A' an. Diese setzt sich aus zwei Anteilen zusammen gemäß

$$t_A' = \Delta t' + t_{x_2}' \, .$$

Während das Signal zur Überwindung der Meßstrecke in Σ_o die Zeit t_A benötigt, rückt der Zeiger der in Σ' ruhenden Uhr $U_v^{2'}$ wegen der Zeitdilatation um $\Delta t'$ vor gemäß

$$\Delta t' = t_A \sqrt{1 - v^2/c^2} \, .$$

Zum Sendeereignis $t_1 = 0$ in Σ_o befindet sich der in Σ' ruhende Punkt x_2' an der Σ_o-Koordinate $x_2 = x_2' \sqrt{1 - v^2/c^2}$ von Σ_o, wobei wieder die LORENTZ-Kontraktion beachtet wurde. Die Σ'-Uhr $U_v^{2'}$ haben wir gemäß der Definition der Gleichzeitigkeit zur Wahrung der elementaren Relativität nach Gleichung (65) auf die Anfangsstellung t_{x_2}' gebracht, vgl. die Zeigerstellung t_{x_2}' in Abb.15,

$$t_{x_2}' = \theta \, x_2 = \frac{-v \, x_2/c^2}{\sqrt{1 - v^2/c^2}} = \frac{-v \, x_2'}{c^2} \, .$$

Der Zeiger der Uhr $U_v^{2'}$ hat zur Ankunft des Signals daher die reduzierten Stellung $t_A' = \Delta t' + t_{x_2}'$, wodurch die von Σ_o aus beobachtete, verminderte Geschwindigkeit $c - v$ des Lichtes in bezug auf Σ' gerade ausgeglichen wird, denn

$$t_A' = t_A \sqrt{1 - v^2/c^2} - \frac{v \, x_2'}{c^2}$$

$$= \frac{x_2' \sqrt{1 - v^2/c^2}}{c - v} \sqrt{1 - v^2/c^2} - \frac{v \, x_2'}{c^2} = \frac{x_2'}{c^2} \frac{c^2 - v^2}{c - v} - v \, \frac{x_2'}{c^2}$$

$$= \frac{x_2'}{c^2} \left[\frac{(c - v)(c + v)}{c - v} - v \right] = \frac{x_2'}{c} \quad \text{und damit}$$

$$c' = \frac{x_2'}{t_A'} = c \, . \tag{78}$$

Läuft das Signal nach links, gilt ein entsprechender Beweis: Die Lichtgeschwindigkeit c ist eine unverselle Konstante.

13 Die klassische Raum-Zeit als nichtrelativistische Näherung

Das Inertialsystem Σ' bewege sich in bezug auf Σ_o mit der Geschwindigkeit v. Wir wollen ein und dasselbe physikalische Phänomen sowohl von Σ_o als auch von Σ' aus beschreiben. Unter der linearen Näherung der SRT verstehen wir, daß die Geschwindigkeit v, verglichen mit der Lichtgeschwindigkeit c, sehr klein bleibt,

$$\frac{v}{c} \ll 1 \quad \longrightarrow \quad \frac{v^2}{c^2} \approx 0 \ . \qquad \begin{array}{l} \text{Lineare Näherung der} \\ \text{Speziellen Relativitätstheorie} \end{array} \qquad (79)$$

Gleichung (79) kann man so lesen, daß wir nur die linearen Terme in v/c mitnehmen und höhere Potenzen vernachlässigen. Oder aber man nimmt an, daß unsere Meßgenauigkeit nicht ausreicht, um Glieder höherer Ordnung in v/c überhaupt nachzuweisen.

Wir beachten die folgenden Näherungsformeln, die man im Prinzip durch Einsetzen von Zahlenwerten prüfen kann. Mit den Punkten sind Terme höherer Ordnung in v/c angedeutet,

$$\left. \begin{array}{rcl} \sqrt{1 - \dfrac{v^2}{c^2}} & = & 1 - \dfrac{1}{2}\dfrac{v^2}{c^2} + \ldots, \\[2ex] \dfrac{1}{\sqrt{1 - v^2/c^2}} & = & 1 + \dfrac{1}{2}\dfrac{v^2}{c^2} + \ldots, \\[2ex] \dfrac{1}{1 - v/c} & = & 1 + \dfrac{v}{c} + \ldots . \end{array} \right\} \qquad (80)$$

Aus einem Vergleich der physikalischen Postulate (31) und (32) der klassischen Raum-Zeit mit den entsprechenden relativistischen Formeln (63) folgt sofort, daß die relativistische Raum-Zeit in der linearen Näherung in die klassische Raum-Zeit übergeht:

Die in v/c lineare Näherung der relativistischen Raum-Zeit ist physikalisch mit der klassischen Raum-Zeit identisch.

Alle in v/c linearen Effekte können grundsätzlich im Rahmen der klassischen Raum-Zeit erklärt werden.

Für die klassischen, in v/c linearen Effekte liefert die Berücksichtigung der Speziellen Relativitätstheorie nichtlineare Korrekturen. Als zwei Beispiele dafür nennen wir den DOPPLER-Effekt und die Aberration, s. hierzu GÜNTHER[3]. Außerdem gibt es rein relativistische Effekte, die erst in der Ordnung v^2/c^2 einsetzen und in der klassischen Betrachtung überhaupt fehlen. Hier muß man entweder sehr genau messen oder die Geschwindigkeit v möglichst hoch treiben. Die THOMAS-Präzession und der sog. transversale DOPPLER-Effekt sind solche rein relativistischen Effekte, und wir verweisen auch dabei auf das Lehrbuch GÜNTHER[3].

Die Situation sieht anscheinend anders aus, wenn wir bei der Linearisierung in v/c von der Koordinaten-Transformation ausgehen. Mit (79) und (80) folgt aus (66)

$$\left. \begin{aligned} x' &= x - v\,t \ , \\ t' &= -\frac{v}{c}\frac{x}{c} + t \ . \end{aligned} \right\} \quad \begin{array}{l} \text{Lineare Näherung der} \\ \text{LORENTZ-Transformation} \end{array} \quad (81)$$

Die Transformation (81) ist nun aber von der GALILEI-Transformation (35) durchaus verschieden. Dieser Unterschied bleibt unklar, wenn man sich nicht an den definitorischen Charakter der Gleichzeitigkeit erinnert.

Die klassische und die relativistische Raum-Zeit sind durch die Ergebnisse von Messungen ausgewiesen, nämlich durch (31) und (32) im klassischen sowie durch (63) im relativistischen Fall. Die beiden Aussagen in (63) bilden "den von Konventionen freien physikalischen Inhalt" der relativistischen Raum-Zeit, wie EINSTEIN[2] es ausdrückt.

Verzichten wir einmal auf die durch das elementare Relativitätsprinzip erzeugte und für das Verständnis der physikalischen Zusammenhänge so wichtige symmetrische mathematische Struktur der Koordinaten-Transformationen, dann steht es uns frei, einen beliebigen Synchronparameter für die Einstellung der Uhren in den Systemen Σ' zu verwenden, also z.b. θ_L für die klassische Raum-Zeit und θ_a für die relativistische. Wir halten fest:

Der LORENTZsche Synchronparameter $\theta_L = -v/(c^2\gamma)$ erzeugt die konventionelle Gleichzeitigkeit in der relativistischen Raum-Zeit und eine nichtkonventionelle Gleichzeitigkeit für die klassische Raum-Zeit.

Ebenso erzeugt der absolute Synchronparameter $\theta_a = 0$ die konventionelle Gleichzeitigkeit in der klassischen Raum-Zeit und eine nichtkonventionelle Gleichzeitigkeit für die relativistische Raum-Zeit.

Wegen (18) und (31) gilt unabhängig vom Parameter θ in der klassischen Raum-Zeit stets $k = 1$. Wählen wir nun für die klassische Raum-Zeit $\theta_L = -v/(c^2\gamma)$, dann folgt aus (24) und (32) $q = 1 - v\,\theta_L = 1 + v^2/(c^2\gamma)$, also insgesamt

$$k = 1\,, \quad q = 1 + \frac{v^2}{c^2\gamma}\,, \quad \theta = \theta_L = -\frac{v^2}{c^2\gamma}\,. \quad \begin{matrix} \text{klassische} \\ \text{Raum-Zeit} \end{matrix} \quad (82)$$

Damit folgt dann aus der Koordinaten-Transformation (8) anstelle der GALILEI-Transformation (35) zunächst
die klassische Raum-Zeit
mit einer nichtkonventionellen Gleichzeitigkeit:

$$x' = x - v\,t\,, \quad t' = -\frac{v/c^2}{\gamma}\,x + \Big(1 + \frac{v^2/c^2}{\gamma}\Big)\,t\,. \quad (83)$$

Die zweite Formel in (83) enthält mit den v^2/c^2-Gliedern im Rahmen der klassischen Genauigkeit nicht nachprüfbare Aussagen. Vernachlässigen wir folgerichtig in (83) die in v/c nichtlinearen Glieder, ersetzen also auch den Faktor γ durch 1, dann erhalten wir anstelle der Gleichungen (83) die Transformationsformeln

$$\left.\begin{array}{l} x' = x - v\,t \ , \quad t' = t - \dfrac{v}{c}\dfrac{x}{c} \ . \\[4pt] \textit{klassische Raum-Zeit} \\[2pt] \textit{mit einer nichtkonventionellen Gleichzeitigkeit} \end{array}\right\} \qquad (84)$$

Ein Vergleich von (84) mit (81) zeigt nun:
Die in v/c linearisierte Lorentz-*Transformation ergibt eine Beschreibung der klassischen Raum-Zeit mit einer nichtkonventionellen Gleichzeitigkeit, nämlich unter Verwendung des Synchronparameters* $\theta_L = -v/(c^2\gamma)$ *anstelle von* $\theta_a = 0$ *und einer anschließenden Linearisierung in* v/c.

Die linearisierte Lorentz-Transformation und die Galilei-Transformation unterscheiden sich also nur in der Definition der Gleichzeitigkeit.

Rein formal erhalten wir die Galilei-Transformation aus der Lorentz-Transformation auch einfach durch den Grenzübergang $c \longrightarrow \infty$, wie man sofort sieht. Dies könnte aber die irrtümliche Meinung nahelegen, daß wir innerhalb der klassischen Physik, für die alle Inertialsysteme gleichberechtigt über die Galilei-Transformation zusammenhängen, keine Effekte feststellen können, die mit der Endlichkeit der Lichtgeschwindigkeit zusammenhängen. Zum einen wurde aber der numerische Wert der Lichtgeschwindigkeit auch in der klassischen Physik schon recht gut bestimmt. Und in Kap.9 haben wir darauf hingewiesen, daß es eine Reihe von Phänomenen gibt, die mit der Lichtausbreitung zusammenhängen und in der klassischen Physik erklärt werden, aber eben nur mit einer Genauigkeit, welche durch die in v/c linearen Terme begrenzt ist, z.B. den Doppler-Effekt des Lichtes, die astronomische Aberration und die Fresnelsche Mitführung des Lichtes in bewegten Medien. Die Behandlung derselben Phänomene im Rahmen der Speziellen Relativitätstheorie führt zu Korrekturtermen, deren Größenordnung durch den Wert von v^2/c^2 bestimmt wird und deren Nachweis eine wesentlich verbesserte Meßgenauigkeit erfordert, s. z.B. Günther[3].

14 Das Zwillingsparadoxon

Ein Zwillingspaar, Schwester A und Bruder B, die stets ihre Uhren U^A bzw. U^B mit sich führen, gehen erstmals eigene Wege. Bruder B besteigt einen Schnellzug. Er ruht nun in einem System Σ' und entfernt sich also mit der Geschwindigkeit v in x-Richtung des Systems Σ_o, in welchem seine Schwester die ganze Zeit ruht.

Im folgenden werden verschiedene Ereignisse betrachtet. Wir erinnern: Ein Ereignis haben wir durch eine Orts- und eine Zeitkoordinate definiert. Mit Hilfe der LORENTZ-Transformation können die Koordinaten eines Ereignisses auf jedes Inertialsystem umgerechnet werden.

Die Uhren der Zwillinge starten bei den übereinstimmenden Zeigerstellungen 0. Für das Ereignis E_o des Beginns der Zwillingsgeschichte schreiben wir die Koordinaten in den beiden Systemen Σ_o und Σ' auf, vgl. auch Abb.17,

$$\Sigma_o: \begin{array}{l} x_o^A = 0, \\ t_o^A = 0, \end{array} \quad \Sigma': \left.\begin{array}{l} x_o'^B = 0, \\ t_o'^B = 0. \end{array}\right\} \quad \begin{array}{l} \text{Ereignis } E_o: \\ \text{Beginn der} \\ \text{Zwillingsgeschichte} \end{array} \quad (85)$$

Überall auf der x- bzw. x'-Achse sollen die im jeweiligen System ruhenden Uhren für einen Zeitvergleich bereitstehen. An den Orten x_1, x_2, ... im System Σ_o befinden sich die Uhren U_1, U_2, ..., und an den Orten x_1', x_2', ... im System Σ' stehen die Uhren U_1', U_2', ... Nach Ablauf der Zeit t_1 im System Σ_o seit Beginn der Zwillingsgeschichte wird am Ort $x_1 = v\,t_1$ auf der Uhr U^B, welche gerade der Σ_o-Uhr U_1 gegenübersteht, die Zeit $t_1'^B$ abgelesen. Wegen der Zeitdilatation steht dort der Zeiger auf $t_1'^B = t_1\sqrt{1 - v^2/c^2}$. Also ist $t_1'^B < t_1$. Wir nennen diese Zeitkontrolle das Ereignis E_1 und schreiben die Koordinaten auf, vgl. Abb.17,

$$\Sigma_o: \begin{array}{l} x_1 = v\,t_1, \\ t_1, \end{array} \quad \Sigma': \left.\begin{array}{l} x_1' = x_o'^B = 0, \\ t_1' = t_1'^B = t_1\sqrt{1 - v^2/c^2}. \end{array}\right\} \begin{array}{l} \text{Ereignis} \\ E_1 \end{array} \quad (86)$$

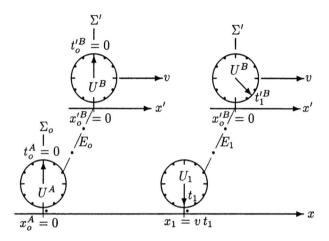

Abbildung 17: Nach Ablauf der Zeit t_1 in Σ_o seit Beginn der Zwillingsgeschichte läßt Schwester A, die sich in Σ_o unverändert bei $x_o^A = 0$ befindet, am Ort $x_1 = v t_1$ die Zeit $t_1'^B = t_1 \sqrt{1 - v^2/c^2}$ auf der Uhr ihres Bruders B ablesen. (Die strichpunktierten Linien verbinden Punkte im Bild, die in Wirklichkeit zusammenfallen.)

'Der ist ja auf einmal jünger als ich!' klagt nun Schwester A, deren Uhr mit U_1 synchron läuft und daher die Zeit $t_1^A = t_1$ anzeigt und will von ihrem Bruder wissen, wie er das gemacht hat. Jener ist über die Aufregung seiner Schwester sehr verwundert und funkt ihr zurück, daß *sie* nach seinen Beobachtungen die Jüngere sei.

Bruder B hat nämlich in seinem System Σ' angeordnet, die Zeit auf der Uhr U^A seiner Schwester abzulesen, während seine Uhr auf der Stellung $t_1'^B = t_1 \sqrt{1 - v^2/c^2}$ steht. Wir nennen diese zweite Zeitkontrolle das Ereignis E_2. In Σ' ist also E_2 gleichzeitig mit E_1, d.h. $t_2' = t_1'^B$. In Σ' beobachtet, entfernt sich Schwester A mit ihrer Uhr von Bruder B mit der Geschwindigkeit $-v$. Zur Zeit t_2' befindet sie sich daher in Σ' an der Position $x_2' = -v t_2'$. Und wegen der

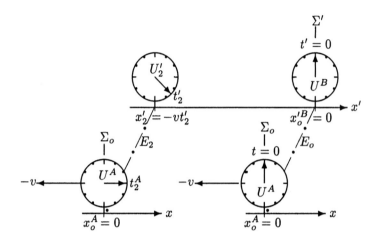

Abbildung 18: Bruder B, der sich in Σ' unverändert bei $x_o'^B = 0$
befindet, läßt nach Ablauf der Zeit $t_1'^B = t_1\sqrt{1 - v^2/c^2} = t_2'$
seit Beginn der Zwillingsgeschichte am Ort $x_2' = -v\,t_2'$ die Zeit
$t_2^A = t_2'\sqrt{1 - v^2/c^2} = t_1(1 - v^2/c^2)$ auf der Uhr seiner Schwester A ablesen. In Σ' ist E_2 gleichzeitig mit E_1. (Die strichpunktierten Linien verbinden Punkte im Bild, die in Wirklichkeit
zusammenfallen.)

Zeitdilatation, die für ihre Uhr in Σ' beobachtet wird, steht
der Zeiger ihrer Uhr gegenüber der Σ'-Uhr U_2' auf der ver-
minderten Stellung $t_2^A = t_2'\sqrt{1 - v^2/c^2} = t_1(1 - v^2/c^2)$. Wir
schreiben die Koordinaten vom Ereignis E_2 auf, s. Abb.18,

$$\Sigma_o\colon \begin{array}{l} x_2 = x_o^A = 0\,, \\ t_2 = t_2^A = t_1(1 - v^2/c^2)\,, \end{array} \quad \Sigma'\colon \left.\begin{array}{l} x_2' = -v\,t_2'\,, \\ t_2' = t_1\sqrt{1 - v^2/c^2}\,. \end{array}\right\} E_2 \quad (87)$$

Nun ist sie die Jüngere, weil die Uhr ihres Bruders mit U_2'
synchron läuft und daher die Zeit $t_2' = t_1\sqrt{1 - v^2/c^2}$ anzeigt,
s. Abb.18.

Es stehen sich also die beiden folgenden Aussagen gegenüber:

1. Schwester A behauptet, der Zeiger auf der Uhr U^B ihres Bruders ist hinter dem Zeiger der Σ_o-Uhr U_1, die mit ihrer Uhr U^A synchron läuft, zurückgeblieben, Abb.17.

2. Bruder B hält dagegen, der Zeiger auf der Uhr U^A seiner Schwester ist hinter dem Zeiger der Σ'-Uhr U_2', die mit seiner Uhr U^B synchron läuft, zurückgeblieben, Abb.18.

Das ist wohl merkwürdig. Hier werden aber Aussagen miteinander verglichen, die sich auf jeweils zwei Uhren beziehen, welche sich an verschiedenen Orten befinden: einerseits die Uhren U^B und U_1 an der Position $x_1 = v\,t_1$ in Σ_o und andererseits die Uhren U^A und U_2' an der Position $x_2' = -v\,t_2'$ in Σ'. Ein paradoxes Ergebnis im Sinne einer logisch widersprüchlichen Aussage ist dies nicht.

Wir wollen nun einen direkten Vergleich der Uhren U^A und U^B der Zwillinge herbeiführen. Die Zwillinge sollen also nach einem zweiten Teil der Reise wieder zusammentreffen.

Zur Diskussion dieses Sachverhaltes nehmen wir ein drittes Inertialsystem Σ'' hinzu, das in bezug auf Σ_o die Geschwindigkeit $-v$ besitzt, s. Abb.19.

Zwischen Σ' und Σ_o sowie Σ'' und Σ_o mögen also folgende LORENTZ-Transformationen gelten,

$$\left.\begin{aligned}
x' &= \frac{x - v\,t}{\sqrt{1 - v^2/c^2}}\,, \quad & t' &= \frac{t - v\,x/c^2}{\sqrt{1 - v^2/c^2}}\,, \\[2mm]
x'' &= \frac{x + v\,t}{\sqrt{1 - v^2/c^2}}\,, \quad & t'' &= \frac{t + v\,x/c^2}{\sqrt{1 - v^2/c^2}}\,.
\end{aligned}\right\} \tag{88}$$

Um etwas Bestimmtes vor Augen zu haben, wollen wir hier annehmen, daß Bruder B zum Ereignis E_1, also zur Zeit t_1 in Σ_o, umkehrt, um dann mit der entgegengesetzt gleichen Geschwindigkeit zu seiner Schwester zurückzufahren. Dazu muß er zur Zeit t_1 nur den Gegenzug besteigen, sich also auf das Inertialsystem Σ'' setzen.

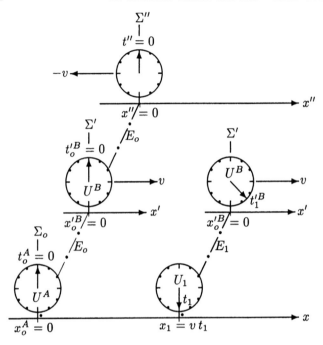

Abbildung 19: Ein drittes Inertialsystem Σ'' läuft mit entgegengesetzter Geschwindigkeit wie Σ' in bezug auf Σ_o. E_1 wird nun unser Umsteigeereignis. (Die strichpunktierten Linien verbinden wieder Punkte im Bild, die in Wirklichkeit zusammenfallen.)

Auf der Uhr U^A seiner Schwester A in Σ_o vergeht dann noch einmal die Zeit t_1, bis er wieder bei ihr eintrifft. Sie ist also während der Abwesenheit ihres Bruders um die Zeit T^A älter geworden gemäß

$$T^A = 2\,t_1 .$$ Dauer der Reise für Schwester A (89)

Die Uhr U^B ihres Bruders bewegt sich auf dem Hinweg mit der Geschwindigkeit v und auf dem Rückweg mit $-v$. Die Zeitdilatation hängt nur vom Quadrat der Geschwindigkeit ab. Schwester A, die die ganze Zeit in Σ_o ruht, sieht also klar voraus, daß ihr Bruder beim Zusammentreffen um den Faktor $\sqrt{1 - v^2/c^2}$ jünger sein wird als sie. Für seine Reisezeit T^B muß gelten

$$T^B = 2\,t_1 \sqrt{1 - v^2/c^2} \ . \qquad \text{Dauer der Reise für Bruder } B \quad (90)$$

Das ist nun höchst merkwürdig. Die beiden Zwillinge sind auf einmal nicht mehr gleich alt. Bruder B, der beim Umsteigen sein Inertialsystem gewechselt hat, ist nun jünger als seine Schwester,

$$T^B < T^A \ . \qquad \text{Der zurückgekehrte Zwilling ist jünger.} \quad (91)$$

Um einen Eindruck von der Größe dieses Effektes zu bekommen, betrachten wir ein Beispiel:
Es sei $v = 30\,\mathrm{km\,s^{-1}}$ eine respektable Raketengeschwindigkeit. Dann erhalten wir mit $c = 300\,000\,\mathrm{km\,s^{-1}}$ für den Wurzelausdruck $\sqrt{1 - v^2/c^2} = \sqrt{1 - 10^{-8}} \approx 1 - 0{,}5 \cdot 10^{-8}$. Gemäß (89) und (90) unterscheiden sich damit die beiden Reisezeiten von Schwester A und Bruder B um $\Delta T = T^A - T^B \approx 2\,t_1 \cdot 0{,}5 \cdot 10^{-8} = 10^{-8}\,t_1$. Nach zwanzig Jahren Reisezeit, also $2\,t_1 = 20 \cdot 365 \cdot 24 \cdot 60 \cdot 60\,\mathrm{s}$, so daß $t_1 \approx 3 \cdot 10^8\,\mathrm{s}$, beträgt dann der Altersunterschied $\Delta T \approx 3\,\mathrm{s}$. Dafür mußte sich Bruder B zehn Jahre lang mit einer Geschwindigkeit von $v = 30\,\mathrm{km\,s^{-1}}$ von seiner Schwester entfernen, also ca. $9{,}5$ Milliarden km überwinden und dann dieselbe Reise zurück antreten. Die Entfernung zwischen der Erde und dem Planeten Pluto variiert zum Vergleich zwischen 4,2 und 7,5 Milliarden km. Wir sehen also, daß wir für einen merklichen Zwillingseffekt in Bereiche vordringen müssen, von denen uns aus dem täglichen Leben einfach jede Erfahrung fehlt. Ein logischer Widerspruch läßt sich auch aus (91) nicht konstruieren.

Auf ein echtes Paradoxon führt aber nun folgende Argumentation von Bruder B:

"Beim Umsteigen stand meine Uhr U^B auf der Zeigerstellung $t_1'^B = t_1 \sqrt{1 - v^2/c^2}$, s. Abb.17.

Die Uhr U^A meiner Schwester hat sich bis dahin mit der Geschwindigkeit $-v$ von mir entfernt, unterlag folglich der Zeitdilatation und hat also beim Umsteigen den Zeigerstand $t_2^A = t_1'^B \sqrt{1 - v^2/c^2} = t_1 (1 - v^2/c^2)$, s. Abb.18.

Bei der Rückreise mit einer Geschwindigkeit vom selben Betrag passiert noch einmal dasselbe. Während mein Zeiger wieder um $t_1 \sqrt{1 - v^2/c^2}$ vorgerückt ist und ich folglich mit einem Zeigerstand von

$$T^B = 2\,t_1 \sqrt{1 - v^2/c^2}$$

Korrekte Berechnung des Zeigerstandes seiner Uhr U^B durch Bruder B

bei ihr eintreffe, wie auch in Gleichung (90) bereits berechnet wurde, ist ihr Zeiger noch einmal gemäß dem Wurzelfaktor zurückgeblieben, also nur um $t_1 (1 - v^2/c^2)$ weitergelaufen und steht daher am Ende bei $\widetilde{T^A}$ gemäß

$$\widetilde{T^A} = 2\,t_1 (1 - v^2/c^2)$$

Fehlerhafte Berechnung des Zeigerstandes der Uhr U^A durch Bruder B   (92)

und nicht bei $T^A = 2\,t_1$, wie sie in Gleichung (89) behauptet.

Wegen $\widetilde{T_A} = T^B \sqrt{1 - v^2/c^2}$ ist sie die Jüngere und nicht ich."

Wo steht der Zeiger der Uhr U^A beim Uhrenvergleich, wenn die Zwillinge zusammentreffen, auf T^A oder auf $\widetilde{T^A}$?

Die eine Stellung schließt die andere aus. Beides geht nicht.

Das wäre paradox!

Wo steckt der Fehler?

Es ist immer die Nichtbeachtung der Relativität der Gleichzeitigkeit, durch die wir irregeleitet werden.

Zum Ereignis E_1 steigt Bruder B auf Σ'' um und paßt dort seine Uhr an die in Σ'' bestehende Synchronisation an. Er bringt sie also von der Stellung $t_1'^B = t_1' = t_1 \sqrt{1 - v^2/c^2}$ per Hand auf eine Stellung $t_1''^B = t_1''$.

Wir berechnen die Koordinaten (x_1'', t_1'') von E_1 in Σ''. Mit den Koordinaten $(x_1 = v\,t_1, t_1)$ von E_1 in Σ_o gemäß (86) folgt aus (88)

$$\Sigma'': \quad \left. \begin{aligned} x_1'' &= \frac{2v\,t_1}{\sqrt{1 - v^2/c^2}}, \\[2mm] t_1'' &= t_1''^B = \frac{1 + v^2/c^2}{\sqrt{1 - v^2/c^2}}\,t_1. \end{aligned} \right\} \qquad \text{Ereignis } E_1 \ (93)$$

Dieses Vorstellen seiner Uhr um Δt,

$$\Delta t = t_1''^B - t_1'^B = \frac{t_1}{\sqrt{1 - v^2/c^2}}\left[1 + \frac{v^2}{c^2} - \left(1 - \frac{v^2}{c^2}\right)\right], \quad \text{also}$$

$$\Delta t = 2\,t_1\,\frac{v^2/c^2}{\sqrt{1 - v^2/c^2}} \tag{94}$$

trägt zur Reisezeit T^B von Bruder B nicht bei. T^B berechnet er korrekterweise auch nur aus der Summe seiner Verweilzeit $t_1' = t_1 \sqrt{1 - v^2/c^2}$ in Σ' und seiner Verweilzeit in Σ''. Nennen wir das Zusammentreffen der Zwillinge das Ereignis E_4 mit den Koordinaten $(x_4 = 0, t_4 = 2\,t_1)$ in Σ_o. Daraus folgen mit (88) auch die Σ''-Koordinaten von E_4,

$$\Sigma_o: \ \begin{aligned} x_4 &= 0, \\ t_4 &= 2\,t_1, \end{aligned} \quad \Sigma'': \ \left. \begin{aligned} x_4'' &= \frac{2\,v\,t_1}{\sqrt{1 - v^2/c^2}}, \\[2mm] t_4'' &= \frac{2\,t_1}{\sqrt{1 - v^2/c^2}}. \end{aligned} \right\} \ \begin{aligned} &\text{Ereignis } E_4: \\ &\text{Ende} \\ &\text{der Zwillings-} \\ &\text{geschichte} \end{aligned} \tag{95}$$

Aus (93) und (95) findet Bruder B seine Verweilzeit in Σ'',

$$t_4'' - t_1'' = \frac{2\,t_1}{\sqrt{1 - v^2/c^2}} - \frac{1 + v^2/c^2}{\sqrt{1 - v^2/c^2}}\,t_1 = t_1 \sqrt{1 - v^2/c^2} = t_1',$$

wie wir das auch oben schon ermittelt haben, weil es aus Symmetriegründen der Reise so sein muß. Am Ende erhält Bruder B also wieder die korrekte Gesamtreisezeit von $T^B = 2\,t_1' = 2\,t_1 \sqrt{1 - v^2/c^2}$ in Übereinstimmung mit (90).

Nun aber zu der von ihm berechneten Reisezeit seiner Schwester, die uns ja auf das eigentliche Paradoxon geführt hat.
Schwester A befindet sich im System Σ_o stets am Koordinatenursprung und bewegt sich aus der Sicht von Σ' und Σ''
gleichförmig. Es gilt also

$$
\left.
\begin{aligned}
x^A &= 0 \,, & \text{Position von Schwester } A \text{ in } \Sigma_o \\
x'^A &= -v\,t' \,, & \text{Position von Schwester } A \text{ in } \Sigma' \\
x''^A &= v\,t'' \,. & \text{Position von Schwester } A \text{ in } \Sigma''
\end{aligned}
\right\} \quad (96)
$$

Wir betrachten zunächst das Ereignis E_2, das durch die Position von Schwester A in Σ' zur Zeit t_1' definiert wurde.
Mit den Koordinaten von E_2 in Σ_o folgen aus (88) die Koordinaten von E_2 in Σ'' zu

$$
\Sigma'': \quad
\left.
\begin{aligned}
x_2'' &= x_2''^A = v\,t_1\sqrt{1 - v^2/c^2} \,, \\
t_2'' &= t_2''^A = t_1\sqrt{1 - v^2/c^2} \,.
\end{aligned}
\right\} \quad \text{Ereignis } E_2 \quad (97)
$$

Wir betrachten nun das Ereignis E_3, das durch die Position
von Schwester A in Σ'' zur Zeit t_1'' definiert ist. Aus (93)
und (96) lesen wir dann ab,

$$
\Sigma'': \quad
\left.
\begin{aligned}
x_3'' &= x_3''^A = \frac{1 + v^2/c^2}{\sqrt{1 - v^2/c^2}}\,v\,t_1 \,, \\
t_3'' &= t_3''^A = \frac{1 + v^2/c^2}{\sqrt{1 - v^2/c^2}}\,t_1 \,.
\end{aligned}
\right\} \quad \text{Ereignis } E_3 \quad (98)
$$

Wir fassen zusammen:
Die Ereignisse E_2 und E_3 beziehen sich auf Positionen von
Schwester A.
E_2 ist in Σ' gleichzeitig mit E_1, vgl. Abb.17 und Abb.18.
Und E_3 ist in Σ'' gleichzeitig mit E_1.
Die Reisezeit T^A von Schwester A müssen wir nun aus drei
Teilen zusammensetzen, $T^A = T_1^A + T_2^A + T_3^A$, nämlich:

1. Bei der Berechnung der Reisezeit seiner Schwester hat Bruder B zunächst korrekt die bis zum Umsteigeereignis E_1 auf ihrer Uhr abgelaufene Zeit $t_2^A = t_1'^B \sqrt{1 - v^2/c^2} = t_1 (1 - v^2/c^2)$ registriert. Nennen wir das die Zeit T_1^A,

$$T_1^A = t_1 (1 - v^2/c^2) . \tag{99}$$

2. Gemäß (97) befindet sich Schwester A, wenn ihre Uhr diese Zeit T_1^A anzeigt, aus der Sicht von Σ'' an der Position $x_2''^A = v\, t_1 \sqrt{1 - v^2/c^2}$.

Nach dem Umsteigen betrachtet Bruder B aber nun gleich die Position seiner Schwester, an der sie sich in Σ'' gleichzeitig zu t_1'' befindet, d.h. gemäß Gleichung (98) ihre Position $x_3''^A = \frac{1 + v^2/c^2}{\sqrt{1 - v^2/c^2}} \, v\, t_1$.

Die Bewegung seiner Schwester von $x_2''^A$ nach $x_3''^A$, bei der sie also in Σ'' die Strecke $\Delta x'' = x_3''^A - x_2''^A$ zurücklegt, hat er beim Umsteigen übersehen.

Wir erhalten für diese Entfernung $\Delta x''$ in Σ''

$$\Delta x'' = x_3''^A - x_2''^A ,$$

$$= v\, t_1 \frac{1 + v^2/c^2}{\sqrt{1 - v^2/c^2}} - v\, t_1 \sqrt{1 - v^2/c^2} , \quad \text{also}$$

$$\Delta x'' = 2v\, t_1 \frac{v^2/c^2}{\sqrt{1 - v^2/c^2}} . \tag{100}$$

In Σ'' benötigt sie für diese Strecke die Zeit $\Delta t''$,

$$\Delta t'' = \frac{\Delta x''}{v} = 2\, t_1 \frac{v^2/c^2}{\sqrt{1 - v^2/c^2}} . \tag{101}$$

Der Zeiger auf ihrer Uhr rückt dann wegen der Zeitdilatation um $\Delta t^A = \Delta t'' \sqrt{1 - v^2/c^2}$ vor. Dies sei die Zeit T_2^A, also

$$T_2^A = \Delta t^A = 2\, t_1 \frac{v^2}{c^2} . \tag{102}$$

Diesen Zeitabschnitt auf der Uhr seiner Schwester hat Bruder B also nicht berücksichtigt.

3. Der letzte Teil seiner Berechnung ist wieder korrekt. Während auf seiner Uhr der Zeiger um $t_4'' - t_3''$ vorrückt, bleibt der Zeiger auf ihrer Uhr demgegenüber um den Wurzelfaktor zurück. Für den dritten Teil T_3^A erhalten wir also

$$T_3^A = (t_4'' - t_3'') \sqrt{1 - v^2/c^2}$$

$$= \left(\frac{2}{\sqrt{1 - v^2/c^2}} - \frac{1 + v^2/c^2}{\sqrt{1 - v^2/c^2}} \right) t_1 \sqrt{1 - v^2/c^2}, \quad \text{also}$$

$$T_3^A = t_1 \left(1 - v^2/c^2 \right). \tag{103}$$

Wir sehen, die Summe aus T_1^A und T_3^A ergibt die von Bruder B berechnete Reisezeit $\widetilde{T^A}$ gemäß (92). Addieren wir dazu noch die von ihm vergessene Zeit T_2^A hinzu, dann folgt in der Tat die korrekte Zeit T^A, die während der gesamten Reise auf der Uhr U^A von Schwester A abgelaufen ist,

$$T_1^A + T_2^A + T_3^A = \widetilde{T^A} + \Delta t^A = T^A = 2\,t_1. \tag{104}$$

Das Paradoxon ist aufgeklärt.

Wir geben noch einmal eine Kurzformulierung für die Auflösung des Paradoxons:

Schwester A ruht die ganze Reisezeit im Inertialsystem Σ_o. Die in (94) berechnete Zeit Δt, um die Bruder B seine Uhr beim Umsteigen per Hand vorstellen muß, ist gleich der in (101) berechneten Zeit $\Delta t'' = \Delta t$ für den Teil der Bewegung von Schwester A in bezug auf Σ'', den Bruder B bei ihr vergessen hatte zu berücksichtigen. Auf ihrer Uhr ist also die mit dem Faktor $\sqrt{1 - v^2/c^2}$ multiplizierte Zeit Δt abgelaufen. Zu der von ihm berechneten Zeit von $\widetilde{T^A} = 2\,t_1\,(1 - v^2/c^2)$ kommt also die Zeit $\Delta t \sqrt{1 - v^2/c^2} = 2\,t_1\,v^2/c^2$ hinzu. Damit ergibt sich dann wieder der Zeigerstand auf der Uhr U^A zu $T^A = 2\,t_1\,(1 - v^2/c^2) + 2\,t_1\,v^2/c^2 = 2\,t_1$, wie auch in (89) und (104) berechnet.

Allgemein gilt: Jünger bleibt immer derjenige, der seine Geschwindigkeit ändert.

15 Die Zwillingsgeschichte bei nicht-konventioneller Gleichzeitigkeit

Die Verwicklungen, in die wir uns insbesondere beim Zwillingsparadoxon so leicht verstricken, sind der Tribut, den wir für die Definition einer konventionellen Gleichzeitigkeit in der relativistischen Raum-Zeit entrichten müssen. Aber nur diese EINSTEINsche Gleichzeitigkeit erlaubt es, die Äquivalenz aller Inertialsysteme mathematisch so zu formulieren, daß jedes Inertialsystem mit jedem anderen über die gleiche Transformation, die LORENTZ-Transformation, zusammenhängt. Dafür geraten wir aber immer wieder in die Falle der dadurch entstehenden Relativität der Gleichzeitigkeit. Der weitere Aufbau einer relativistischen theoretischen Physik ist jedoch ohne diese Formulierung praktisch undenkbar. Für die Erklärung der relativistischen Paradoxa, Verirrungen unseres Geistes beim Umgang mit der Relativität der Gleichzeitigkeit, kann es aber durchaus einmal erlaubt und hilfreich sein, eine davon abweichende Definition zu verwenden. Das wollen wir jetzt zeigen: Die relativistische Raum-Zeit ist durch die in (63), S.54, stehenden experimentellen Erfahrungen definiert. Führen wir nun anstelle der durch (29), S.35, definierten konventionellen Gleichzeitigkeit in der relativistischen Raum-Zeit durch

$$\theta = \theta_a = 0 \qquad \text{Absolute Gleichzeitigkeit} \quad (105)$$

eine absolute Gleichzeitigkeit ein, dann folgt aus Gleichung (59), S.52, anstelle von (64) und (65) die

Relativistische Raum-Zeit mit absoluter Gleichzeitigkeit

$$k = \frac{1}{\sqrt{1 - v^2/c^2}}, \quad q = \sqrt{1 - v^2/c^2}, \quad \theta = 0. \quad (106)$$

Aus den Formeln (8), (9), S.23, erhalten wir nun anstelle der LORENTZ-Transformation (66), (68) die von W. THIRRING[1] angegebenen und von uns in GÜNTHER[1,2,3] auch als REICHENBACH-Transformation eingeführten Gleichungen,

Reichenbach-Transformation, $\Sigma_o(x,t)$ ausgezeichnet

$$\left.\begin{aligned}
x' &= \frac{x - v\,t}{\sqrt{1 - v^2/c^2}}, & x &= \frac{(1 - v^2/c^2)\,x' + v\,t'}{\sqrt{1 - v^2/c^2}}, \\[4pt]
&\qquad\qquad \longleftrightarrow \\[4pt]
t' &= t\,\sqrt{1 - v^2/c^2}, & t &= \frac{t'}{\sqrt{1 - v^2/c^2}}.
\end{aligned}\right\} \quad (107)$$

Aus der Form der Umkehr-Transformation erkennt man die Asymmetrie in der Beschreibung der Inertialsysteme: $\Sigma_o(x,t)$ ist hier in der *mathematischen Beschreibung* ausgezeichnet. *Die Gültigkeit des Relativitätsprinzips, d.h. die physikalische Äquivalenz aller Inertialsysteme, besteht in diesem Formalismus darin, daß wir jedes beliebige Inertialsystem für diese rein mathematische Sonderstellung auswählen könnten.* Ausschlaggebend für die Einfachheit bei der Diskussion der Paradoxa auf der Grundlage dieser Transformation ist der Umstand, daß in der Zeit-Transformation, der zweiten Zeile von (107), die Koordinaten x bzw. x' nicht vorkommen. Nur diesen Teil der Koordinaten-Transformation werden wir bei der Diskussion der Zwillingsgeschichte überhaupt brauchen. Wir betrachten nun die im vorangegangenen Kap. 14 diskutierte Zwillingsgeschichte, bei der Zwilling A die ganze Zeit in einem Inertialsystem Σ_o ruht, während Bruder B im Verlauf der Reise das Inertialsystem wechselt. Wenn wir nun die Definition einer absoluten Gleichzeitigkeit zugrunde legen, übernimmt also Σ_o die Rolle des ausgezeichneten Systems. Bruder B ruht zunächst in einem Inertialsystem Σ', das sich von Σ_o mit der Geschwindigkeit v entfernt. Zwillingsschwester A mißt also in ihrem Ruhsystem Σ_o für ihren Bruder B, solange dieser sich im System Σ' aufhält, die Geschwindigkeit v. Von der Reichenbach-Transformation (107) benötigen wir nur die Formeln für die in $\Sigma'(x',t')$ und $\Sigma_o(x,t)$ gemessenen

Zeiten t' und t also mit $\gamma_v = \sqrt{1 - v^2/c^2}$,

$$t' = t\,\gamma_v\,, \quad \longleftrightarrow \quad t = \frac{t'}{\gamma_v}\,. \tag{108}$$

Für das Inertialsystem $\Sigma''(x'', t'')$, in welchem Bruder B zu seiner Zwillingsschwester A mit der Geschwindigkeit $u = -v$ zurückkehrt, gelten dann mit demselben ausgezeichneten System Σ_o für die in $\Sigma_o(x,t)$ und $\Sigma''(x'',t'')$ gemessenen Zeiten t und t'' bei $\gamma_u = \sqrt{1 - (-v)^2/c^2} = \gamma_v$ die Formeln

$$t'' = t\,\gamma_v\,, \quad \longleftrightarrow \quad t = \frac{t''}{\gamma_v}\,. \tag{109}$$

Im Unterschied zu der Situation auf der Grundlage der EINSTEINschen Gleichzeitigkeit in der relativistischen Raum-Zeit in Kap.14 gestaltet sich die richtige Beschreibung der Zeitabläufe unter Beachtung des Umsteigens von Bruder B von Σ' nach Σ'' nun problemlos, da die Ortskoordinaten x, x' oder x'' in der Umrechnung von Zeitintervallen von einem Bezugssystem auf ein anderes nicht mehr vorkommen. Wir schreiben für die auf der Uhr U^A von Zwilling A abgelaufene Zeit vor dem Umsteigen Δt_1 und für die Zeit nach dem Umsteigen Δt_2, so daß auf der Uhr U^A insgesamt eine Zeit Δt abläuft gemäß

$$t_A = \Delta t_1 + \Delta t_2\,. \tag{110}$$

Gemäß (108) und (109) stellen dann beide Zwillinge übereinstimmend fest, daß auf der Uhr U^B von Bruder B die Zeit t_B abläuft gemäß

$$t_B = \Delta t_1'' + \Delta t_2'' = \Delta t_1\,\gamma_v + \Delta t_2\,\gamma_v\,, \quad \text{also}$$

$$t_B = t_A\,\gamma_v\,. \tag{111}$$

Über die daraus folgende Feststellung

$$t_B < t_A \tag{112}$$

und zwar für beliebiges u und v mit $0 < v < u < c$ gibt es keinen Streit. Die Zwillingsgeschichte ist bei der Verwendung einer absoluten Gleichzeitigkeit einfach zu übersehen. Ein Paradoxon entsteht hier nicht.

16 Die relativistische Mechanik

In Kap.12 haben wir gefunden:
Die Größe c ist eine universelle Naturkonstante, die uns als Ausbreitungsgeschwindigkeit des Lichtes oder von ruhmasselosen Neutrinos (falls es die überhaupt gibt), aber auch in der Kontraktion bewegter Längen oder bei der Zeitdilatation bewegter Uhren begegnet.

Hier werden wir nun einen weiteren, rein relativistischen Effekt kennenlernen, einen Effekt also, der in der Ordnung v^2/c^2 einsetzt die Trägheitseigenschaft eines Körpers.

Nachdem wir nämlich die relativistische Raum-Zeit in den vorangegangenen Kapiteln vollständig formuliert haben, bekommen wir nun mit der Mechanik ein Problem.

Das mechanische Charakteristikum eines Körpers ist seine träge Masse m. Diese bewegt sich im Raum unter der Wirkung einer Kraft $\mathbf{F}$ auf einer Bahn $\mathbf{x} = \mathbf{x}(t)$ mit der Geschwindigkeit $\mathbf{u}(t) = d\mathbf{x}/dt$ bei einem Impuls $\mathbf{p} := m\,\mathbf{u}$. Die fettgedruckten Buchstaben sollen hier den dreidimensionalen Charakter der Bewegung andeuten, also $\mathbf{F} = (F_x, F_y, F_z)$, $\mathbf{x} = (x, y, z)$, $\mathbf{u} = (u_x, u_y, u_z)$ sowie $\mathbf{p} = (p_x, p_y, p_z)$. Wir werden uns aber später wieder auf die eindimensionalen Bewegungen entlang der x-Achse beschränken.

Die Mechanik wird durch die NEWTONschen Axiome beherrscht, für eine vertiefende Diskussion s. GÜNTHER[3].

Das Erste NEWTON*sche Axiom* stellt fest, daß es Bezugssysteme gibt, in denen ein Körper, auf den keine physikalischen Kräfte einwirken, im Zustand der Ruhe oder der gleichförmigen Bewegung verharrt. Es heißt auch das GALILEIsche Trägheitsgesetz. Diese Bezugssysteme haben wir in Kap.1 als *Inertialsysteme* deklariert.

Das Dritte NEWTON*sche Axiom*, das sog. Gegenwirkungsaxiom *actio = reactio*, stellt eine allgemeine Eigenschaft für alle Wechselwirkungskräfte, für die Kräfte $\mathbf{F}_{ba}$ der Masse m_b auf die Masse m_a fest, nämlich die Gleichung

$$\mathbf{F}_{ba} = -\mathbf{F}_{ab} \ .$$ Das Dritte NEWTONsche Axiom (113)

Ausschlaggebend für die Bewegung der Massen ist das *Das Zweite* NEWTON*sche Axiom,*

$$\frac{d\mathbf{p}}{dt} = \frac{d}{dt}(m\mathbf{u}) = \frac{d}{dt}\left(m\frac{d\mathbf{x}}{dt}\right) = \mathbf{F} \ .$$ Das Zweite NEWTONsche Axiom (114)

Wir werden nun zu untersuchen haben, ob die Gleichung (114) auch in jedem Inertialsystem richtig ist. Dazu formulieren wir zunächst folgende Grunderfahrung:

Messen die Beobachter in Σ_o und Σ' für die Bewegung ein und desselben Körpers die Kräfte $\mathbf{F}$ bzw. $\mathbf{F}'$, dann gilt stets

$$\mathbf{F}' = \mathbf{F} \ .$$ In jedem Inertialsystem wird dieselbe Kraft gemessen. (115)

Wird also z.b. in Σ_o die Kraft 1 N (ein Newton) gemessen, dann mißt auch der Beobachter in Σ' die Kraft 1 N. An dieser Aussage werden wir grundsätzlich nichts zu korrigieren haben.

Wegen der Gleichung (115) bleibt die rechte Seite der Bewegungsgleichung (114) beim Übergang zu einem anderen Inertialsystem stets unverändert. Unsere ganze Aufmerksamkeit gilt also nur noch der linken Seite von (114).

Aus der klassischen Mechanik, wenn wir also die klassische Raum-Zeit mit ihrer GALILEI-Transformation (7) zugrundelegen, wissen wir, daß die Gleichung (114) nicht nur in einem ausgewählten System Σ_o, sondern in jedem Inertialsystem Σ' gilt.

Um dies einzusehen, formulieren wir eine Erfahrung aus der klassischen Physik. Es sei m_o die sog. *Ruhmasse* eines Körpers, d.h. die aus dem Ruhezustand des Körpers heraus bestimmte träge Masse. Dann beobachten wir im Rahmen der Meßgenauigkeit der klassischen Physik:

Die träge Masse m eines Körpers hängt nicht von seiner Geschwindigkeit **u** *ab und ist also gleich seiner Ruhmasse m_o,*

$$m = m_o \, . \qquad \text{Klassische Raum-Zeit} \qquad (116)$$

Angenommen, die Gleichungen (114) gelten in unserem ausgezeichneten System Σ_o. Wenn (116) gilt, dann können wir in (114) die zeitunabhängige Konstante $m = m_o$ als Faktor vor die Differentiation ziehen und erhalten, indem wir nun der Einfachheit halber nur eine Bewegung in x-Richtung von Σ_o betrachten und für F_x einfach F schreiben,

$$\Sigma_o : \; m_o \frac{d^2 x}{dt^2} = F \, . \qquad \text{Die Newtonsche Gleichung in } \Sigma_o \text{ in der klassischen Mechanik} \qquad (117)$$

Wird in Σ_o für die Masse m_o die Bewegung $x = x(t)$ beobachtet, dann wird in Σ' eine Bewegung $x' = x'(t')$ für die Masse m_o registriert.
In die Galilei-Transformation (35),

$$x' = x - v \, t \, , \; t' = t \, ,$$

setzen wir nun die Bewegung der Masse ein,

$$x'(t') = x(t) - v \, t \, .$$

Diese Gleichung differenzieren wir zweimal nach t' unter Anwendung der Kettenregel und beachten, daß v konstant ist,

$$\frac{d}{dt'} x'(t') = \frac{d}{dt'} \big(x(t) - v \, t \big) = \frac{d}{dt} \big(x(t) - v \, t \big) \frac{dt}{dt'}$$

$$= \frac{d}{dt} x(t) - v \, , \quad \text{und ebenso}$$

$$\frac{d^2}{dt'^2} x'(t') = \frac{d}{dt'} \frac{d}{dt'} x'(t') = \frac{d}{dt} \left(\frac{d}{dt} x(t) - v \right) \frac{dt}{dt'} \, , \quad \text{also}$$

$$\frac{d^2}{dt'^2} x'(t') = \frac{d^2}{dt^2} x(t) \, . \qquad \text{Klassische Raum-Zeit} \qquad (118)$$

Aus (115), (116) und (118) folgt sofort

$$\Sigma' : m_o \frac{d^2 x'}{dt'^2} = F'. \qquad \begin{array}{l}\text{Die NEWTONsche Gleichung in } \Sigma' \\ \text{in der klassischen Mechanik}\end{array} \qquad (119)$$

Das wollten wir aber zeigen. Gilt die klassische NEWTONsche Bewegungsgleichung (117) in einem Inertialsystem, dann gilt sie unter der Voraussetzung einer klassischen Raum-Zeit auch in jedem anderen Inertialsystem.

Aus der einfachen, ausführlich aufgeschriebenen Herleitung der Gleichung (118) ist aber auch sofort klar, daß eine solche Übereinstimmung der zweiten Ableitungen in der relativistischen Raum-Zeit nicht gilt, wenn wir die LORENTZ-Transformation (66) bzw. (68) zugrundelegen,

$$\frac{d^2}{dt'^2} x'(t') \neq \frac{d^2}{dt^2} x(t) . \qquad \begin{array}{l}\text{Relativistische} \\ \text{Raum-Zeit}\end{array} \qquad (120)$$

Sollen wir daraus den Schluß ziehen, daß die NEWTONschen Gleichungen in der relativistischen Raum-Zeit nur für ein ausgezeichnetes Bezugssystem richtig sind, also z.b. nur für Σ_o? Das wäre voreilig, denn in den Gleichungen (117) oder (119) ist gegenüber der ursprünglichen NEWTONschen Gleichung (114) die zusätzliche klassische Annahme (116) einer unveränderlichen Masse m_o enthalten.

R.C. TOLMAN hat ein Gedankenexperiment beschrieben, mit dem man nachweisen kann, daß eine unveränderliche Masse $m = m_o$ die GALILEIsche Addition der Geschwindigkeiten (39) zur Voraussetzung hat. Und TOLMAN hat gezeigt, daß aus der Gültigkeit des EINSTEINschen Additionstheorems der Geschwindigkeiten (69) zwangsläufig folgt, daß die träge Masse m eines Körpers von ihrer Geschwindigkeit $\mathbf{u}$ abhängig ist und zwar gemäß der Formel

$$m = \frac{m_o}{\sqrt{1 - u^2/c^2}} . \qquad \begin{array}{l}\text{Relativistische} \\ \text{Raum-Zeit}\end{array} \qquad (121)$$

In der relativistischen Raum-Zeit gilt also anstelle von (117)

$$\Sigma_o : \frac{d}{dt}\left(\frac{m_o}{\sqrt{1-u^2/c^2}}\,u\right) = F.$$

Die Newtonsche Gleichung
im System Σ_o in der   (122)
relativistischen Mechanik

Wir sehen, wie die Raumstruktur hier unmittelbar in die physikalischen Eigenschaften der Körper eingreift.

In der relativistischen Raum-Zeit ist also nicht mehr die träge Masse m schlechthin, sondern nur noch die träge Masse m_o des ruhenden Körpers eine vom System unabhängige Materialkonstante. Zur Durchführung des Tolmanschen Gedankenexperimentes verweisen wir z.B auf das Lehrbuch Günther[3].

Wir werden hier einfach nachrechnen, daß für eine in Σ_o bzw. in Σ' beobachtete Teilchenbewegung gemäß

$x = x(t)$ mit der Geschwindigkeit $dx/dt = u(t)$ bzw.

$x' = x'(t')$ mit der Geschwindigkeit $dx'/dt' = u'(t')$

die folgende Gleichung gilt,

$$\frac{d}{dt}\,\frac{u}{\sqrt{1-u^2/c^2}} = \frac{d}{dt'}\,\frac{u'}{\sqrt{1-u'^2/c^2}}\ .\tag{123}$$

Ist (123) erst einmal gezeigt, dann folgt durch Multiplikation mit m_o aus (122) und (115)

$$\Sigma' : \frac{d}{dt'}\left(\frac{m_o}{\sqrt{1-u'^2/c^2}}\,u'\right)\ =\ F'.\tag{124}$$

Das ist aber die in einem beliebigen Inertialsystem für eine eindimensionale Bewegung aufgeschriebene Newtonsche Gleichung (114).

Das Relativitätsprinzip, die Unmöglichkeit, durch physikalische Experimente ein Inertialsystem vor einem anderen auszuzeichnen, haben wir damit für die Mechanik erfüllt. Die einzige Korrektur, die wir an der klassischen Mechanik anbringen mußten, bestand darin, die Abhängigkeit der trägen

Masse von ihrer Geschwindigkeit gemäß (121) zu beachten.
Wir bemerken, daß die ursprüngliche NEWTONsche Formulierung der Bewegungsgleichung gemäß (114), bei der die Masse
m in die letzte zeitliche Ableitung ausdrücklich mit einbezo-
gen ist, zu einer solchen Korrektur im Sinne einer Präzisie-
rung geradezu auffordert.
Wir wollen nun in einer elementaren Rechnung, die aber ein
wenig Geduld erfordert, den Beweis von (123) nachholen.
Mit der Quotientenregel der Differentiation folgt

$$\frac{d}{dt}\frac{u}{\sqrt{1-u^2/c^2}} = \frac{(du/dt)\sqrt{1-u^2/c^2} - u\frac{-(u/c^2)(du/dt)}{\sqrt{1-u^2/c^2}}}{\left(\sqrt{1-u^2/c^2}\right)^2}$$

$$= \frac{(du/dt)\left(1-u^2/c^2\right) + (u^2/c^2)(du/dt)}{\left(\sqrt{1-u^2/c^2}\right)^3} \, ,$$

also

$$\frac{d}{dt}\frac{u}{\sqrt{1-u^2/c^2}} = \frac{du/dt}{\left(\sqrt{1-u^2/c^2}\right)^3} \, . \tag{125}$$

Eine ebensolche Gleichung gilt in den gestrichenen Variablen,

$$\frac{d}{dt'}\frac{u'}{\sqrt{1-u'^2/c^2}} = \frac{du'/dt'}{\left(\sqrt{1-u'^2/c^2}\right)^3} \, . \tag{126}$$

Um zu zeigen, daß (124) eine Konsequenz aus (122) ist,
genügt es also, anstelle von (123) den Nachweis für die folgende Gleichung zu führen,

$$\frac{d}{dt}\frac{u}{\sqrt{1-u^2/c^2}} = \frac{du'/dt'}{\left(\sqrt{1-u'^2/c^2}\right)^3} \, . \tag{127}$$

Dazu verifizieren wir erst die Hilfsgleichung

$$\sqrt{1 - v^2/c^2}\,\sqrt{1 - u'^2/c^2} = \sqrt{1 - u^2/c^2}\bigl(1 + u'\,v/c^2\bigr)\,, \quad (128)$$

indem wir diese Gleichung quadrieren:

$$(1 - v^2/c^2)(1 - u'^2/c^2) = (1 - u^2/c^2)\bigl(1 + u'v/c^2\bigr)^2\,,$$

$$
\begin{aligned}
1 - v^2/c^2 - u'^2/c^2 + u'^2v^2/c^4 &= 1 + 2u'v/c^2 + u'^2v^2/c^4 \\
&\quad -u^2/c^2 - 2u^2\,u'v/c^4 \\
&\quad -u^2u'^2v^2/c^6\,,
\end{aligned}
$$

$$u^2/c^2\bigl(1 + 2u'v/c^2 + u'^2v^2/c^4\bigr) = u'^2/c^2 + v^2/c^2 + 2u'v/c^2\,,$$

$$u^2\bigl(1 + 2u'v/c^2 + u'^2v^2/c^4\bigr) = u'^2 + v^2 + 2u'v\,,$$

also

$$u^2 = \frac{u'^2 + v^2 + 2u'v}{1 + 2u'v/c^2 + u'^2v^2/c^4}\,. \quad (129)$$

Gleichung (129) ist aber richtig, weil sie mit dem quadrierten EINSTEINschen Additionstheorem (69) übereinstimmt,

$$u^2 = \left(\frac{u' + v}{1 + u'\,v/c^2}\right)^2\,. \quad (130)$$

Wir führen jetzt die linke Seite von (127) durch identische Umformungen in die rechte Seite über. Zunächst gilt wegen der Kettenregel der Differentiation,

$$\frac{d}{dt}\,\frac{u}{\sqrt{1 - u^2/c^2}} = \frac{dt'}{dt}\,\frac{d}{dt'}\,\frac{u}{\sqrt{1 - u^2/c^2}} = \left(\frac{dt}{dt'}\right)^{-1}\frac{d}{dt'}\,\frac{u}{\sqrt{1 - u^2/c^2}}\,.$$

Wir verwenden die LORENTZsche Transformationsgleichung (68) für die Berechnung von dt/dt', ferner die Hilfsgleichung

(128) und beachten, daß die Geschwindigkeit v des Systems Σ' zeitlich konstant ist,

$$\frac{d}{dt} \frac{u}{\sqrt{1 - u^2/c^2}} = \left(\frac{1 + u'v/c^2}{\sqrt{1 - v^2/c^2}} \right)^{-1} \cdot$$

$$\cdot \frac{d}{dt'} \left(\frac{u' + v}{1 + u'v/c^2} \frac{1 + u'v/c^2}{\sqrt{1 - u'^2/c^2}\sqrt{1 - v^2/c^2}} \right)$$

$$= \frac{1}{1 + u'v/c^2} \frac{d}{dt'} \frac{u' + v}{\sqrt{1 - u'^2/c^2}}$$

$$= \frac{1}{1 + u'v/c^2} \frac{(du'/dt')\sqrt{1 - u'^2/c^2} - (u' + v)\frac{-u'(du'/dt')}{c^2\sqrt{1 - u'^2/c^2}}}{1 - u'^2/c^2}$$

$$= \frac{1}{1 + u'v/c^2} \frac{1 - u'^2/c^2 + (u' + v)u'/c^2}{\sqrt{1 - u'^2/c^2}^3} \frac{du'}{dt'},$$

$$\frac{d}{dt} \frac{u}{\sqrt{1 - u^2/c^2}} = \frac{du'/dt'}{\sqrt{1 - u'^2/c^2}^3},$$

was wir für die Gültigkeit der Newtonschen Gleichung (124) in jedem Inertialsystem noch zu zeigen hatten.

17 $E = m\,c^2$

Dies ist wohl die spektakulärste Konsequenz aus der relativistischen Struktur der Raum-Zeit.

Was ist und woher kommt unsere Energie?

Wird an einem Körper die Arbeit ΔA verrichtet, so vermehrt sich seine Energie um $\Delta E = \Delta A$. Ein Körper der Masse m bewege sich gemäß $x = x(t)$ mit der Geschwindigkeit $u = dx/dt$. Die entlang dx wirkende Kraft F verrichtet an der Masse die Arbeit $dA = F\,dx$. Pro Zeiteinheit gilt daher

$$\frac{dA}{dt} = F\frac{dx}{dt} = F\,u = \frac{dE}{dt}\,. \tag{131}$$

Wir multiplizieren (122) mit u und finden

$$\frac{dE}{dt} = u\,\frac{d}{dt}\,\frac{m_o\,u}{\sqrt{1-u^2/c^2}} = F\,u\,. \tag{132}$$

Wenn wir die zeitliche Ableitung von $1/\sqrt{1-u^2/c^2}$ bilden und dies mit (125) vergleichen, folgt

$$u\,\frac{d}{dt}\,\frac{m_o\,u}{\sqrt{1-u^2/c^2}} = \frac{m_o\,u\,du/dt}{\left(\sqrt{1-u^2/c^2}\,\right)^3} = \frac{d}{dt}\,\frac{m_o\,c^2}{\sqrt{1-u^2/c^2}}\,. \tag{133}$$

Mit (121) für die geschwindigkeitsabhängige Masse gilt also

$$\frac{dE}{dt} = \frac{d\,(mc^2)}{dt}\,. \tag{134}$$

In der Zeit t sei der Körper aus dem Ruhezustand auf die Geschwindigkeit u gebracht. Integration von (134) liefert dann

$$\Delta E = \int\frac{dE}{dt}dt = \int\frac{d\,(mc^2)}{dt}dt = \left[mc^2\right]_0^u = \left[\frac{m_o}{\sqrt{1-u^2/c^2}} - m_o\right]c^2,$$

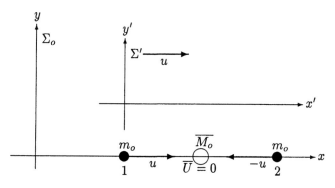

Abbildung 20: Die beiden Körper 1 und 2 sollen total unelastisch zusammenstoßen. Nach dem Stoß sind Querstriche gesetzt.

$$\Delta E = m\,c^2 - m_o\,c^2 = \Delta m \cdot c^2\,. \tag{135}$$

Die Änderung ΔE der Energie des Körpers ist gleich der Änderung Δm seiner trägen Masse, multipliziert mit dem Quadrat der Lichtgeschwindigkeit.

Was aber bedeutet der Term $m_o c^2$?

Dazu betrachten wir zwei Körper derselben Ruhmasse m_o, die sich aus der Sicht von Σ_o mit entgegengesetzt gleichen Geschwindigkeiten vom Betrag $|u|$ aufeinander zu bewegen und total unelastisch zusammenstoßen, so daß sie danach in Σ_o zusammen ruhen, s. Abb.20. Bei dem Stoß wirken nur innere Kräfte, so daß für die beiden Massen die Erhaltung des Gesamtimpulses gilt. Wir kennzeichnen die Größen nach dem Stoß durch einen Querstrich. In Σ_o bleibt der Gesamtimpuls unverändert Null,

$$\left.\begin{aligned}\Sigma_o: p_1 + p_2 &= \frac{m_o\,u}{\sqrt{1-v^2/c^2}} + \frac{-m_o\,u}{\sqrt{1-v^2/c^2}} = \overline{M_o}\,\overline{U} = 0\,,\\[2mm]&\Longrightarrow \overline{U} = 0\,.\end{aligned}\right\} \tag{136}$$

In Σ_o ist die gemeinsame Geschwindigkeit $\overline{U}$ der vereinigten, also dort ruhenden Masse $\overline{M_o}$ nach dem Stoß Null.
Wir berechnen $\overline{M_o}$ über die Impulserhaltung im System Σ', in welchem die erste Masse ruht.
In Σ' ist definitionsgemäß $u_1' = 0$, also auch $p_1' = 0$.
Wegen der in Kap.8 eingeführten elementaren Relativität ist

$$\overline{U'} = -u\,.$$

Mit u anstelle von v und $-u$ statt u finden wir aus (69) für die Geschwindigkeit u_2' der zweiten Masse in Σ'

$$u_2' = \frac{-2\,u}{1 + u^2/c^2} = \frac{-2\,u\,c^2}{u^2 + c^2}\,. \tag{137}$$

Durch einfaches Quadrieren zeigt man damit, daß

$$\sqrt{1 - u_2'^2/c^2} = \frac{c^2 - u^2}{c^2 + u^2}\,. \tag{138}$$

Wir schreiben die Impulsbilanz in Σ' auf,

$$\Sigma': \ p_1' + p_2' = \overline{M'}\,\overline{U'}\,, \tag{139}$$

also mit (137), (138) sowie $p_1' = 0$ und $\overline{U'} = -u$,

$$\frac{m_o\,u_2'}{\sqrt{1 - u_2'^2/c^2}} = \frac{\overline{M_o}}{\sqrt{1 - \overline{U'}^2/c^2}}\,U' = \frac{-\overline{M_o}}{\sqrt{1 - u^2/c^2}}\,u\,,$$

$$\frac{-m_o\,2\,u\,c^2}{u^2 + c^2}\,\frac{c^2 + u^2}{c^2 - u^2} = \frac{-\overline{M_o}\,u}{\sqrt{1 - u^2/c^2}}$$

und damit

$$\overline{M_o} = \frac{2\,m_o}{\sqrt{1 - u^2/c^2}} = 2\,m_o + \triangle E/c^2 \tag{140}$$

mit $\triangle E = 2\,m\,c^2 - 2m_o\,c^2$ für die beiden Massen nach (135).

Die kinetische Energie $\triangle E$ der stoßenden Massen ist bei dem unelastischen Stoß in Wärmeenergie $\triangle Q = \triangle E$ umgewandelt worden. Nach Gleichung (140) ist also dadurch die nach dem Stoß etwas erwärmte Ruhmasse $\overline{M_o}$ um den Betrag $\triangle Q/c^2$ größer als die Summe $2\,m_o$ der Ruhmassen vor dem Stoß.

Dieser Sachverhalt gilt ganz allgemein:

Jede Energie ist einer trägen Masse äquivalent. Auch die einer Ruhmasse m_o äquivalente Energie $m_o c^2$ kann grundsätzlich an Energieumwandlungen beteiligt sein. Das ist die berühmte EINSTEINsche[1,2], s. auch LORENTZ[1],

Energie-Masse-Äquivalenz:

$$E = m\,c^2 . \tag{141}$$

Bei einem der Fusionsprozesse auf der Sonne von je einem Atom Deuterium und Tritium zu Helium und einem Neutron, $^2D + {}^3T \longrightarrow {}^4He + n$, ist die Summe der Ruhmassen nach der Reaktion um $\Delta M_o = 0,0313271 \cdot 10^{-27}$ kg kleiner als vorher. Die äquivalente Energie von $\Delta M_o\,c^2 \approx 0,67 \cdot 10^{-12}$ cal ist eine Quelle der Energieabstrahlung der Sonne, von der wir leben.

Um es ausdrücklich hervorzuheben: Energie wird *nicht* etwa in Masse umgewandelt, wie dies mitunter ungeschickt formuliert wird. Sondern: Jede Energie E besitzt eine träge Masse m, und jede träge Masse m besitzt einen Energieinhalt E. Der Umrechnungsfaktor ist das Quadrat der Lichtgeschwindigkeit gemäß Gleichung (141). Das Überraschende besteht hier vor allem darin, daß auch die *Ruhenergie* $m_o c^2$, welche in der Ruhmasse gebunden ist, prinzipiell für Energieumwandlungen jeder Art zur Verfügung steht, wenn nur die entsprechenden physikalischen Reaktionsbedingungen erfüllt sind.

Literatur

EINSTEIN, A.[1]: *Über spezielle und allgemeine Relativitäts-theorie.* Berlin: Akademie-Verlag 1969.

EINSTEIN, A.[2]: *Grundzüge der Relativitätstheorie.* Berlin: Akademie-Verlag 1969.

FRENCH, A.P.[1]: *Die Spezielle Relativitätstheorie.* Braunschweig: Vieweg 1971.

GOENNER, H.F.[1]: *Einführung in die spezielle und allgemeine Relativitätstheorie.* Heidelberg: Spektrum 1996.

GÜNTHER, H.[1]: *Grenzgeschwindigkeiten und ihre Paradoxa. Gitter·Äther·Relativität.* Stuttgart: Teubner 1996.

GÜNTHER, H.[2]: *Starthilfe Relativitätstheorie. Ein neuer Zugang in* EINSTEINS *Welt.* Stuttgart: Teubner 2007.

GÜNTHER, H.[3]: *Spezielle Relativitätstheorie. Ein neuer Einstieg in* EINSTEINS *Welt.* Stuttgart: Teubner 2007.

HERLT, E./N. SALIÉ[1]: *Spezielle Relativitätstheorie.* Braunschweig: Vieweg 1978.

LAUE, M.v.[1]: *Die Relativitätstheorie.* Braunschweig: Vieweg 1961.

LIEBSCHER, D.-E.[1]: EINSTEINS *Relativitätstheorie und die Geometrien der Ebene.* Stuttgart: Teubner 2002.

LORENTZ, H.A./A. EINSTEIN/H. MINKOWSKI[1]: *Das Relativitätsprinzip.* Stuttgart: Teubner 1990.

PAULI, W.[1]: *Relativitätstheorie.* Berlin: Springer 2000 (Leipzig: Teubner 1921).

THIRRING, W.[1]: *Klassische Dynamische Systeme.* Wien·N.Y.: Springer 1988.

TREDER, H.-J.[1]: *Philosophische Probleme des physikalischen Raumes.* Berlin: Akademie-Verlag 1974.

WEYL, H.[1]: *Raum, Zeit, Materie.* Berlin: Springer 1922.

Index

Edition am Gutenbergplatz Leipzig

(Verlagsname abgekürzt: EAGLE bzw. EAG.LE)
www.eagle-leipzig.de/verlagsprogramm.pdf
www.eagle-leipzig.de/verlagsprogramm.htm

ISBN 978-3-937219-96-7

ISBN 978-3-937219-28-8

ISBN 978-3-937219-29-5

ISBN 978-3-937219-99-8

ISBN 3-937219-19-6

ISBN 3-937219-20-X

ISBN 3-937219-21-8

ISBN 978-3-937219-88-2

ISBN 978-3-937219-27-1

Bestellungen bitte an Ihre Buchhandlung (Buchgroßhandel
Libri, Umbreit) oder an Books on Demand (www.bod.de)
oder an: www.eagle-leipzig.de / weiss@eagle-leipzig.eu

Edition am Gutenbergplatz Leipzig / EAGLE 2009:

Walser, H.: **Der Goldene Schnitt.** Mit einem Beitrag von H. Wußing über populärwissenschaftliche Mathematikliteratur aus Leipzig.
Leipzig 2009. 5., erw. Aufl. EAGLE 001. **ISBN** 978-3-937219-98-1
EAGLE 001: www.eagle-leipzig.de/001-walser.htm

Luderer, B.: **EAGLE-GUIDE Basiswissen der Algebra.**
Leipzig 2009. 2., erw. Aufl. EAGLE 017. **ISBN** 978-3-937219-96-7
EAGLE 017: www.eagle-leipzig.de/017-luderer.htm

Fröhner, M. / Windisch, G.: **EAGLE-GUIDE Fourier-Reihen.**
Leipzig 2009. 2., erw. Aufl. EAGLE 018. **ISBN** 978-3-937219-99-8
EAGLE 018: www.eagle-leipzig.de/018-froehner.htm

Günther, H.: **EAGLE-GUIDE Raum und Zeit – Relativität.**
Leipzig 2009. 2., erw. Aufl. EAGLE 022. **ISBN** 978-3-937219-88-2
EAGLE 022: www.eagle-leipzig.de/022-guenther.htm

Stolz, W.: **EAGLE-GUIDE Formeln zur elementaren Physik.**
Leipzig 2009. 1. Aufl. EAGLE 027. **ISBN** 978-3-937219-27-1
EAGLE 027: www.eagle-leipzig.de/027-stolz.htm

Junghanns, P.: **EAGLE-GUIDE Orthogonale Polynome.**
Leipzig 2009. 1. Aufl. EAGLE 028. **ISBN** 978-3-937219-28-8
EAGLE 028: www.eagle-leipzig.de/028-junghanns.htm

Haftmann, R.: **EAGLE-GUIDE Differenzialrechnung.**
Leipzig 2009. 1. Aufl. EAGLE 029. **ISBN** 978-3-937219-29-5
EAGLE 029: www.eagle-leipzig.de/029-haftmann.htm

Franeck, H.: **... aus meiner Sicht.** Freiberger Akademieleben.
Leipzig 2009. 1. Aufl. EAGLE 030. **ISBN** 978-3-937219-30-1
EAGLE 030: www.eagle-leipzig.de/030-franeck.htm

Radbruch, K.: **Bausteine zu einer Kulturphilosophie der Mathematik.**
Leipzig 2009. 1. Aufl. EAGLE 031. **ISBN** 978-3-937219-31-8
EAGLE 031: www.eagle-leipzig.de/031-radbruch.htm

Wußing, H.: **Adam Ries.** Mit einem aktuellen Anhang (2009).
Leipzig 2009. 3., erw. Aufl. EAGLE 033. **ISBN** 978-3-937219-33-2
EAGLE 033: www.eagle-leipzig.de/033-wussing.htm

Weiß, J.: **B. G. Teubner zum 225. Geburtstag.**
Leipzig 2009. 1. Aufl. EAGLE 035. **ISBN** 978-3-937219-35-6
EAGLE 035: www.eagle-leipzig.de/035-weiss.htm

Bestellungen bitte an Ihre Buchhandlung (**Libri, Umbreit**) oder an:
www.bod.de oder: www.eagle-leipzig.de / weiss@eagle-leipzig.eu